Beatrice Pulvirenti

ESERCIZI
DI
TERMOFLUIDODINAMICA

Società Editrice
ESCULAPIO

ISBN 978-88-7488-042-3

Società Editrice Esculapio s.r.l.
Via Terracini, 30 – 40131 Bologna
www.editrice-esculapio.com – info@editrice-esculapio.it

Impaginazione: Giancarla Panigali e Carlotta Lenzi

Società Editrice
ESCULAPIO

Indice

Capitolo 1

Elementi di fluidodinamica

In questo capitolo verranno risolti problemi di fluidodinamica in regime isotermo, a partire dalle equazioni di continuitá e di Navier-Stokes, e dall'equazione di bilancio integrale della quantitá di moto. Dal bilancio locale della massa si deriva l'equazione di continuitá [2]:

$$\frac{\partial \rho}{\partial t} + \nabla \cdot (\rho \boldsymbol{u}) = 0 \tag{1.1}$$

dove ρ é la densitá del fluido ed $\boldsymbol{u}$ é il campo di velocitá, che per fluidi incomprimibili (ρ costante) diventa:

$$\text{div } \boldsymbol{u} = 0 \tag{1.2}$$

e dal bilancio locale della quantitá di moto si deriva l'equazione di Navier-Stokes [2]:

$$\frac{\partial \rho \boldsymbol{u}}{\partial t} = -\nabla \cdot \rho \boldsymbol{u}\boldsymbol{u} + \nabla \underline{\underline{\sigma}} + \sum (\rho_i \boldsymbol{g}_i) \tag{1.3}$$

dove $\underline{\underline{\sigma}}$ é il tensore degli sforzi e $\boldsymbol{g}_i$ sono le forze di campo agenti sul sistema. Per un fluido Newtoniano sotto l'azione del solo campo gravitazionale, l'equazione (1.3) diventa:

$$\frac{\mathrm{D}\rho\boldsymbol{u}}{\mathrm{D}t} = -\boldsymbol{grad}\, p_s + \mu(\nabla^2\boldsymbol{u} + \frac{1}{3}\boldsymbol{grad}\ \mathrm{div}\boldsymbol{u}) \tag{1.4}$$

che é la celebre *equazione di Navier-Stokes*, dove l'operatore $\frac{D}{Dt}$ é la derivata sostanziale del vettore $\rho\boldsymbol{u}$. L'equazione (1.4) é un'equazione vettoriale. In coordinate cartesiane, se le tre componenti del vettore $\boldsymbol{u}$ sono (u, v, w), allora le tre componenti dell'equazione (1.4) sono date da:

$$\begin{aligned}
&\rho\left(\frac{\partial u}{\partial t} + u\frac{\partial u}{\partial x} + v\frac{\partial u}{\partial y} + w\frac{\partial u}{\partial z}\right) = \\
&= \frac{\partial p_s}{\partial x} + \mu\left(\frac{\partial^2 u}{\partial x^2} + \frac{\partial^2 u}{\partial y^2} + \frac{\partial^2 u}{\partial z^2} + \frac{1}{3}\frac{\partial}{\partial x}\left(\frac{\partial u}{\partial x} + \frac{\partial v}{\partial y} + \frac{\partial w}{\partial z}\right)\right) \\
&\rho\left(\frac{\partial v}{\partial t} + u\frac{\partial v}{\partial x} + v\frac{\partial v}{\partial y} + w\frac{\partial v}{\partial z}\right) = \\
&= \frac{\partial p_s}{\partial y} + \mu\left(\frac{\partial^2 v}{\partial x^2} + \frac{\partial^2 v}{\partial y^2} + \frac{\partial^2 v}{\partial z^2} + \frac{1}{3}\frac{\partial}{\partial y}\left(\frac{\partial u}{\partial x} + \frac{\partial v}{\partial y} + \frac{\partial w}{\partial z}\right)\right) \\
&\rho\left(\frac{\partial w}{\partial t} + u\frac{\partial w}{\partial x} + v\frac{\partial w}{\partial y} + w\frac{\partial w}{\partial z}\right) = \\
&= \frac{\partial p_s}{\partial z} + \mu\left(\frac{\partial^2 w}{\partial x^2} + \frac{\partial^2 w}{\partial y^2} + \frac{\partial^2 w}{\partial z^2} + \frac{1}{3}\frac{\partial}{\partial z}\left(\frac{\partial u}{\partial x} + \frac{\partial v}{\partial y} + \frac{\partial w}{\partial z}\right)\right)
\end{aligned} \tag{1.5}$$

Integrando l'equazione di Navier-Stokes fra due sezioni di un condotto (nel caso in cui nel tratto considerato non vi siano propulsori), si ottiene l'equazione integrale di bilancio della quantitá di moto:

$$\frac{v_2^2 - v_1^2}{2} + g(z_2 - z_1) + \frac{p_2 - p_1}{\rho} + R = 0 \tag{1.6}$$

dove R é il termine che esprime le perdite di carico. In questo Capitolo saranno risolti alcuni casi semplici di moto dei fluidi utilizzando le relazioni 1.4 e 1.6.

1.1 Pressione in un fluido in quiete

Si determini la variazione di pressione con la quota in fluido isotermo di densitá ρ costante, in quiete, sottoposto all'azione della forza di gravitá. Se il fluido é aria a pressione e temperatura ambiente ($\rho = 1.2$ kg/m^3), determinare la variazione di pressione corrispondente ad un dislivello $h = 200$ m.

Soluzione

Si consideri un volumetto di fluido (vedere Figura 1.1) di area di base A ed altezza compresa fra z e $z+\,\mathrm{d}z$, con $\mathrm{d}z$ estremamente piccolo; se tale volumetto si trova in quiete, allora sono bilanciate la forza di gravitá, e la risultante delle forze di pressione, cioé se $p(z)$ é la pressione che agisce sulla faccia in z e $p(z+\,\mathrm{d}z)$ é la pressione che agisce sulla faccia in $z+\,\mathrm{d}z$:

$$mg = (p(z) - p(z+\,\mathrm{d}z))A \tag{1.7}$$

dove $p(z+\,\mathrm{d}z) = p(z) + \frac{\partial p}{\partial z}\,\mathrm{d}z$. Sapendo che la massa del fluido puó essere espressa in funzione della densitá come $m = \rho\,\mathrm{d}V = \rho A\,\mathrm{d}z$, l'equazione (1.7) diventa:

$$\rho A\,\mathrm{d}zg = -\frac{\partial p}{\partial z}\mathrm{d}zA \Rightarrow \frac{\partial p}{\partial z} = -\rho g \tag{1.8}$$

Integrando l'equazione (1.8) fra due quote z_1 e z_2 si ottiene:

$$p_2 - p_1 = -\rho g(z_2 - z_1) \tag{1.9}$$

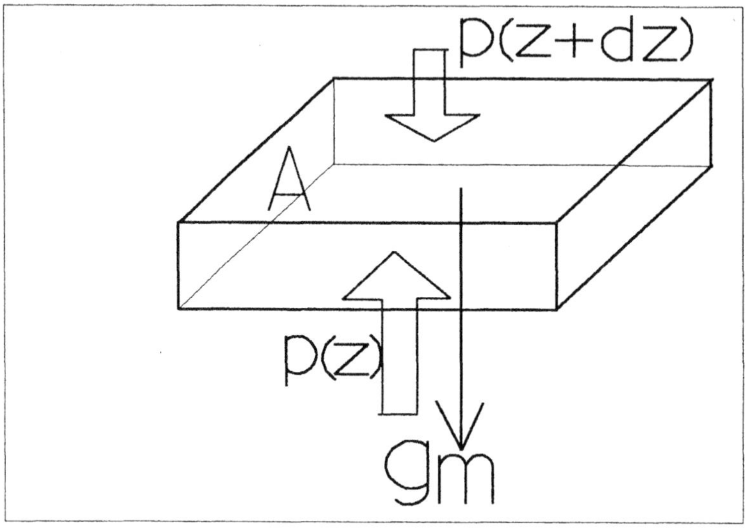

Figura 1.1: Volumetto di fluido in quiete

In aria in quiete, se il dislivello fra due punti é $h = z_2 - z_1 = 200$ m, si misura una variazione di pressione fra i due punti pari a:

$$\Delta p = -\rho g h = -1.2 \times 9.8 \times 200 = 2.35 \text{ kPa} = 0.0235 \text{ bar} = 23.5 \text{ mbar} \quad (1.10)$$

1.2 Gradiente di pressione

Attraverso un condotto rettangolare piatto, di altezza $s = 1.5$ m e di larghezza $L = 6$ m, scorre dell'acqua. Si supponga che il condotto sia disposto orizzontalmente e che vi siano tre punti di misura della pressione sulla supericie di tale condotto, posti alle distanze $x_1 = 6$ m, $x_2 = 10$ m e $x_3 = 14$ m da un punto di riferimento sulla base del condotto, come mostrato in Figura 1.2, con x_1 e x_3 sulla base del condotto (ad altezza 0 m), ed x_2 sulla sommitá del condotto (ad altezza 1.5 m).
Si supponga che nei tre punti descritti vengano misurate le rispettive pressioni: $p_1 = 170$ kPa, $p_2 = 145.285$ kPa e $p_3 = 150$ kPa. Si vuole sapere se la corrente puó essere al suo moto massimo (regime completamente sviluppato).

Soluzione

Verifichiamo che il gradiente del carico piezometrico sia costante:

$$p_{s1} = p_1 = 170 \text{ kPa}$$
$$p_{s2} = p_2 + \rho g h = 145.285 \times 10^3 + 1000 \times 9.81 \times 1.5 = 160 \text{ kPa}$$
$$p_{s3} = p_3 = 150 \text{ kPa} \quad (1.11)$$

da cui:

$$\left(\frac{\Delta p_s}{\Delta x}\right)_{1,2} = \frac{10000}{4} = 2500 \text{ Pa/m} = \left(\frac{\Delta p_s}{\Delta x}\right)_{2,3} \quad (1.12)$$

Possiamo osservare che essendo $\frac{dp_s}{dx}$ costante, dall'equazione (1.4) si puó supporre che il moto sia completamente sviluppato.

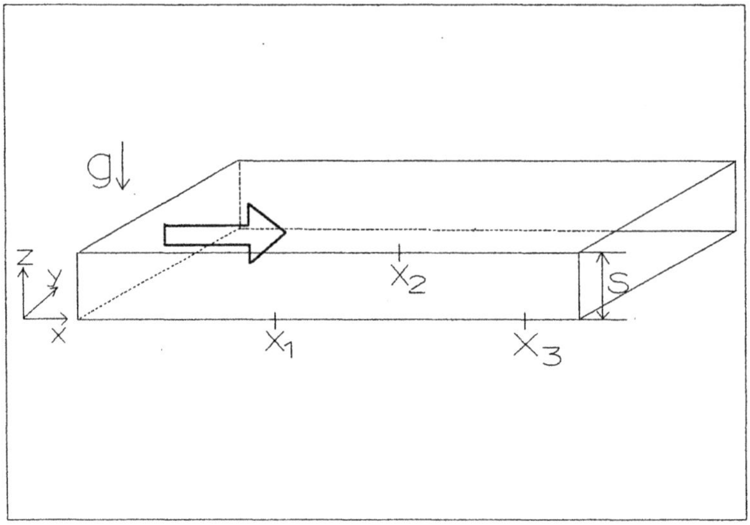

Figura 1.2: Condotto orizzontale

1.3 Canale inclinato

Si supponga che il canale dell'esercizio precedente venga inclinato di un angolo $\alpha = 30°$. Se la pressione misurata in x_1 vale ora $p_1 = 130$ kPa, determinare la pressione in x_2 e in x_3, a paritá di portata.

Soluzione

Il carico piezometrico ha lo stesso gradiente dell'esercizio precedente, non essendo variata la portata. Allora:

$$p_{s2} = p_{s1} - \frac{\Delta p_s}{\Delta x}\Delta x = (130 \times 10^3 - 2500 \times 4) = 120 \text{ kPa} \qquad (1.13)$$

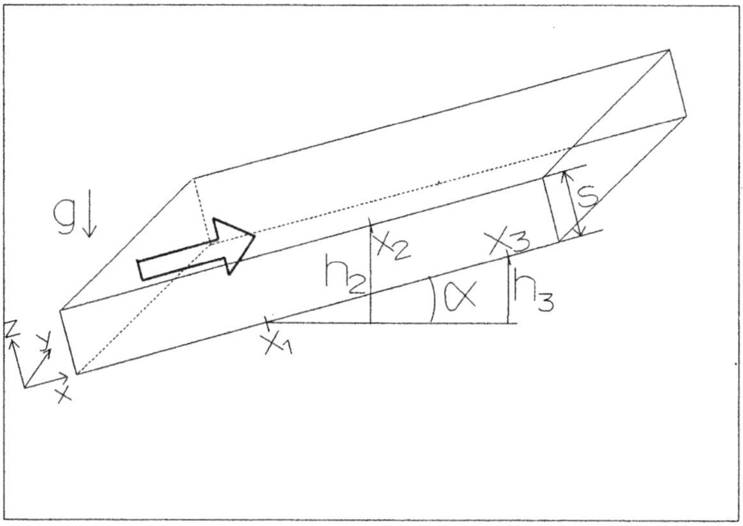

Figura 1.3: Condotto inclinato

e

$$p_{s3} = p_{s2} - \frac{\Delta p_s}{\Delta x} \Delta x = (120 \times 10^3 - 2500 \times 4) = 110 \text{ kPa} \tag{1.14}$$

da cui:

$$\begin{aligned} p_2 = p_{s2} - \rho g h_2 = p_{s2} - \rho g((x_2 - x_1) \sin \alpha + s \cos \alpha) = \\ = 120 \times 10^3 - 1000 \times 9.81 \times (4 \times \sin 30° + 1.5 \times \cos 30°) = \\ = 73.3 \text{ kPa} \end{aligned} \tag{1.15}$$

e

$$\begin{aligned} p_3 = p_{s3} - \rho g h_3 = p_{s3} - \rho g(x_3 - x_1) \sin \alpha = \\ 110 \times 10^3 - 1000 \times 9.81 \times (8 \times \sin 30°) = 87.6 \text{ kPa} \end{aligned} \tag{1.16}$$

1.4 Deflusso da un serbatoio

Da un serbatoio di sezione $S_1 = 28$ m^2, il cui pelo libero é posto ad un'altezza $h = 50$ m sul livello del mare, fluisce acqua ($\rho = 1000$ kg/m^3,e $\mu = 0.001003$ kg/(m s)), attraverso un condotto (mostrato in Figura 1.4) di sezione circolare. Se il condotto ha diametro $D = 10$ cm, lunghezza complessiva $L = 100$ m e scabrezza $\varepsilon = 1$ μm, e una geometria come quella mostrata in Figura 1.4, calcolare la portata di acqua che fluisce dal serbatoio nei casi in cui:

a) la sezione di uscita del condotto si trovi al livello del mare ($z = 0$ m)

b) la sezione di uscita del condotto si trovi ad un'altezza $z = 20$ m sul livello del mare.

Soluzione

La scabrezza relativa del tubo é $\varepsilon/D = \frac{10^{-6}}{0.1} = 10^{-5}$.

a) Facendo un bilancio integrale di quantitá di moto fra le sezioni, mostrate in Figura 1.4, S_1 del pelo libero del serbatoio ed S_2 di uscita del tubo, si ottiene:

$$\frac{v_2^2 - v_1^2}{2} + g(z_2 - z_1) + \frac{p_2 - p_1}{\rho} + R = 0 \tag{1.17}$$

dove v_1 e v_2 sono le velocitá medie dell'acqua rispettivamente nelle sezioni S_1 ed S_2, e p_1 e p_2 le rispettive pressioni, ed R sono le perdite di carico. Sfruttando l'equazione di bilancio della massa in forma integrale:

$$\rho v_1 S_1 = \rho v_2 S_2 \tag{1.18}$$

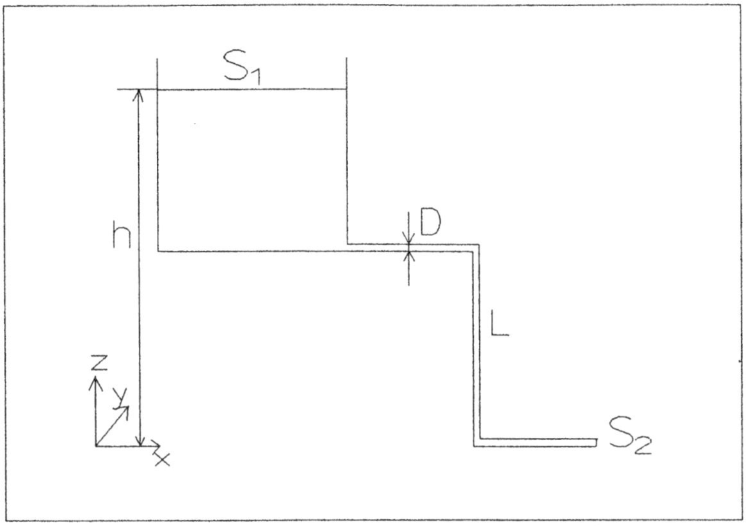

Figura 1.4: Deflusso da un serbatoio

e notando che $S_1 = 28$ m^2 ed $S_2 = \pi D^2/4 = 7.85 \times 10^{-3}$ m^3, cioé $S_1 >> S_2$, si conclude che $v_1 << v_2$, quindi il termine contenente $v_1^2/2$ puó essere trascurato nell'equazione (1.17). Inoltre, sfruttando l'equazione (1.9) risulta:

$$\frac{p_2 - p_1}{\rho} = \frac{\rho_{aria} g h}{\rho} \tag{1.19}$$

Essendo $\rho_{aria} << \rho$, il termine nell'equazione (1.19) é molto piú piccolo di gh, quindi trascurabile. Da cui l'equazione (1.17) diventa:

$$\frac{v_2^2}{2} - gh + R = 0 \tag{1.20}$$

Infine, R é dato dalla somma delle perdite di carico concentrate (sui gomiti e sul passaggio dal serbatoio al tubo) piú quelle distribuite lungo il condotto, cioé:

$$R = R_{conc} + R_{dist} = \frac{v_2^2}{2}(\beta_1 + \beta_2 + \beta_3) + \frac{\lambda L}{D}\frac{v_2^2}{2} = $$
$$= \frac{v_2^2}{2}(\beta_{tot} + \frac{\lambda L}{D}) \tag{1.21}$$

dove λ é il fattore d'attrito, e i termini β_i sono riferiti alle perdite di carico concentrate: per un gomito si puó assumere $\beta = 1$, mentre per il passaggio da serbatoio a tubo $\beta = 0.5$. In totale si ha $\beta_{tot} = 2.5$. Le perdite di carico distribuite in un condotto dipendono dal fattore d'attrito λ, determinato sperimentalmente nella regione di moto turbolento e rappresentato sul diagramma di Moody, riportato in Figura 1.5. Per calcolare il valore del fattore d'attrito λ puó essere usata anche la formula approssimata di Churchill ([5], p. 5-68):

$$\lambda = \frac{64}{Re} \qquad \text{Re} < 2100$$
$$\lambda = 8\left[\left(\frac{8}{\text{Re}}\right)^{12} + \frac{1}{(B+C)^{1.5}}\right]^{1/12} \qquad 5000 < \text{Re} < 10^8 \tag{1.22}$$

con:

$$B = \left(2.457 \ln \frac{1}{(7/\text{Re})^{0.9} + (0.27\varepsilon/D)}\right)^{16} \tag{1.23}$$

e

$$C = \left(\frac{37530}{\text{Re}}\right)^{16} \tag{1.24}$$

Sostituendo R nell'equazione (1.20) si ottiene:

$$v_2 = \sqrt{\frac{2gh}{1 + \beta_{tot} + \frac{\lambda L}{D}}} \tag{1.25}$$

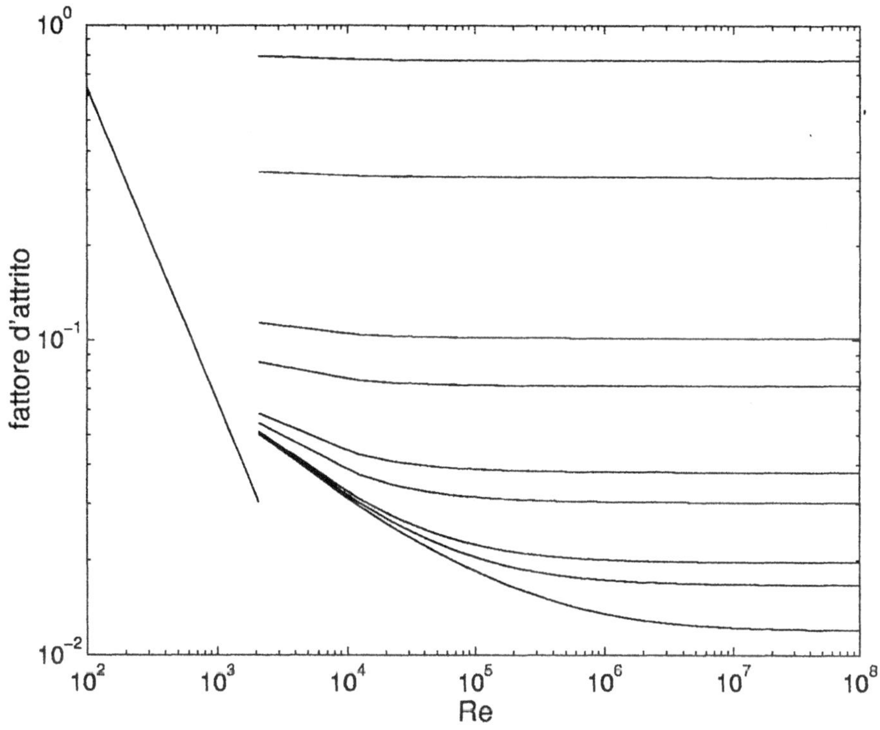

Figura 1.5: Diagramma di Moody

L'equazione (1.25) si risolve per tentativi.

Si fissa un valore di primo tentativo della velocitá v_2, ad esempio:

$$v_2^I = \sqrt{2gh} = \sqrt{2 \times 9.8 \times 50} = 31.3 \text{ m/s} \Rightarrow$$
$$\Rightarrow \text{Re} = \frac{\rho v_2^I D}{\mu} = \frac{1000 \times 31.3 \times 0.1}{0.001003} = 3.12 \times 10^6 \tag{1.26}$$

Dal diagramma di Moody o dalla relazione approssimata (1.22) si ottiene:

$$\lambda(Re, \epsilon/D) = 0.0101 \tag{1.27}$$

da cui:

$$v_2^{I*} = \sqrt{\frac{2 \times 9.8 \times 50}{1 + 2.5 + \frac{0.0101 \times 100}{0.1}}} = 8.47 \text{ m/s} \tag{1.28}$$

Siccome $v_2^{I*} < v_2^I$, si puó fissare una velocitá di secondo tentativo pari a v_2^{I*}:

$$v_2^{II} = 8.47 \text{ m/s} \Rightarrow \text{Re} = 0.845 \times 10^6 \tag{1.29}$$

Dal diagramma di Moody o dall'equazione (1.22) si ottiene:

$$\lambda(Re, \epsilon/D) = 0.0122 \tag{1.30}$$

da cui:

$$v_2^{II*} = \sqrt{\frac{2 \times 9.8 \times 50}{1 + 2.5 + \frac{0.0122 \times 100}{0.1}}} = 7.91 \text{ m/s} \tag{1.31}$$

Siccome $v_2^{II*} < v_2^{II}$, si porrá come velocitá di terzo tentativo:

$$v_2^{III} = v_2^{II*} = 7.91 \text{ m/s} \Rightarrow \text{Re} = 0.789 \times 10^6 \tag{1.32}$$

Dal diagramma di Moody o dall'equazione (1.22) si ottiene:

$$\lambda(Re, \epsilon/D) = 0.0123 \tag{1.33}$$

da cui:

$$v_2^{III*} = \sqrt{\frac{2 \times 9.8 \times 50}{1 + 2.5 + \frac{0.0123 \times 100}{0.1}}} = 7.88 \text{ m/s} \tag{1.34}$$

Siccome $v_2^{III*} < v_2^{III}$, si porrá come velocitá di quarto tentativo:

$$v_2^{IV} = v_2^{III*} = 7.88 \text{ m/s} \Rightarrow \text{Re} = 0.785 \times 10^6 \tag{1.35}$$

Dal diagramma di Moody o dall'equazione (1.22) si ottiene:

$$\lambda(Re, \epsilon/D) = 0.0123 \tag{1.36}$$

da cui:

$$v_2^{III*} = \sqrt{\frac{2 \times 9.8 \times 50}{1 + 2.5 + \frac{0.0123 \times 100}{0.1}}} = 7.88 \text{ m/s} \tag{1.37}$$

Quindi, essendo $|v_2^i - v_2^{i*}|/v_2^i < 0.001$, si decide di fermare il procedimento iterativo; il valore della velocitá vale quindi $v_2 = 7.88$ m/s, e quindi la portata vale:

$$\dot{V} = v_2 S_2 = 7.88 \times \pi \times 0.1^2/4 = 0.0619 \text{ m}^3/\text{s} = 61.9 \text{ l/s} \tag{1.38}$$

In Appendice A é riportata una procedura scritta in linguaggio *matlab* mediante la quale si puó ottenere il diagramma di Moody di Figura 1.5, e il valore di v_2 secondo il procedimento iterativo illustrato sopra.

b) Procedendo come per il punto (a), si ha come primo tentativo:

$$v_2^I = \sqrt{2gh} = \sqrt{2 \times 9.8 \times (50 - 10)} = 28 \text{ m/s} \Rightarrow$$
$$\Rightarrow Re = \frac{\rho v_2^I D}{\mu} = \frac{1000 \times 28 \times 0.1}{0.001003} = 2.79 \times 10^6 \tag{1.39}$$

Dal diagramma di Moody o dall'equazione (1.22) si ottiene:

$$\lambda(Re, \epsilon/D) = 0.0103 \tag{1.40}$$

da cui:

$$v_2^{I*} = \sqrt{\frac{2 \times 9.8 \times 40}{1 + 2.5 + \frac{0.0103 \times 100}{0.1}}} = 7.54 \text{ m/s} \tag{1.41}$$

Siccome $v_2^{I*} < v_2^{I}$, si cercherá una velocitá di secondo tentativo pari a v_2^{I*}:

$$v_2^{II} = 7.54 \text{ m/s} \Rightarrow \text{Re} = 0.752 \times 10^6 \tag{1.42}$$

Dal diagramma di Moody o dall'equazione (1.22) si ottiene:

$$\lambda(Re, \epsilon/D) = 0.0124 \tag{1.43}$$

da cui:

$$v_2^{II*} = \sqrt{\frac{2 \times 9.8 \times 40}{1 + 2.5 + \frac{0.0124 \times 100}{0.1}}} = 7.02 \text{ m/s} \tag{1.44}$$

Siccome $v_2^{II*} < v_2^{II}$, si cercherá una velocitá di terzo tentativo:

$$v_2^{III} = v_2^{II*} = 7.02 \text{ m/s} \Rightarrow \text{Re} = 0.7 \times 10^6 \tag{1.45}$$

Dal diagramma di Moody o dall'equazione (1.22) si ottiene:

$$\lambda(Re, \epsilon/D) = 0.0125 \tag{1.46}$$

da cui:

$$v_2^{III*} = \sqrt{\frac{2 \times 9.8 \times 40}{1 + 2.5 + \frac{0.0125 \times 100}{0.1}}} = 6.99 \text{ m/s} \tag{1.47}$$

Quindi, essendo $|v_2^i - v_2^{i*}|/v_2^i < 0.001$, si decide di fermare il procedimento iterativo; il valore della velocitá vale quindi $v_2 = 6.7$ m/s, e quindi la portata vale:

$$\dot{V} = v_2 S_2 = 6.7 \times \pi \times 0.1^2/4 = 0.0526 \text{ m}^3/\text{s} = 52.6 \text{ l/s} \tag{1.48}$$

Capitolo 2

Conduzione termica stazionaria

Secondo la legge di Fourier, la potenza che attraversa una data superficie per conduzione termica é data da:

$$Q = \int_S \boldsymbol{q} \cdot \boldsymbol{n} \, \mathrm{d}S \qquad [\mathrm{W}] \tag{2.1}$$

dove $\boldsymbol{q}$ é il vettore densitá di flusso termico, definito da:

$$\boldsymbol{q} = -k \, \nabla T \qquad [\mathrm{W/m^2}] \tag{2.2}$$

ed $\boldsymbol{n}$ é il versore normale uscente dalla superficie S, come mostrato in Fig. 2.1. Nell'equazione (2.2) compare la conducibilitá termica k ([W/(mK)]), una proprietá del materiale, che puó dipendere dalla temperatura.
In Tabella 1 vengono riportati i valori di k per i materiali piú comuni.
Considerando un volumetto di materia, sotto l'ipotesi in cui k possa

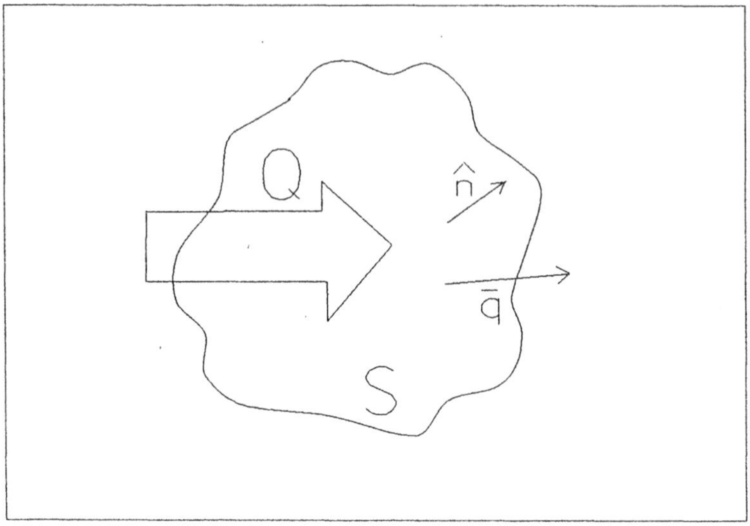

Figura 2.1: Superficie attraversata dal flusso termico

essere considerata costante, facendo il bilancio di energia, e sfruttando le equazioni (2.1) e (2.2), (vedere [2]), si ottiene l'equazione di Fourier:

$$\frac{\partial T}{\partial t} = \alpha \nabla^2 T + \frac{q_g}{\rho\, c_p} \tag{2.3}$$

dove q_g é la potenza per unitá di volume generata nel mezzo, ρ é la densitá, c_p é il calore specifico a pressione costante, e $\alpha = \frac{k}{\rho c_p}$ é la diffusivitá termica del materiale. A partire dall'equazione di Fourier, o dalla legge di Fourier, con l'ausilio di opportune condizioni al contorno, é possibile ottenere la distribuzione di temperatura all'interno di un solido. In questo capitolo verranno risolti problemi di conduzione termica in regime stazionario, risolvendo le equazioni (2.2) o (2.3), con le opportune condizioni al contorno.

Diamante	2300
Argento	429
Rame	401
Oro	317
Alluminio	237
Ferro	80.2
Mercurio liquido	8.54
Vetro	0.78
Mattone	0.72
Acqua liquida	0.613
Pelle umana	0.37
Legno (quercia)	0.17
Elio gassoso	0.152
Gomma soffice	0.13
Lana di vetro	0.043
Aria	0.026
Poliuretano espanso	0.026

Tab. 1: Conducibilitá termiche ([W/(mK)]) di alcuni materiali (vedere [1], pag. 320 e pp. 666-679)

Inoltre, verrá utilizzata l'analogia elettrica, (vedere [2]), che pone in relazione la potenza termica che attraversa uno strato di materiale con la corrente elettrica che circola in un conduttore elettrico, e la differenza di temperatura agli estremi del materiale con la differenza di potenziale ai capi del conduttore. Quindi deve valere anche nel caso termico una relazione del tipo:

$$Q = \frac{\Delta T}{R} \tag{2.4}$$

dove R é detta resistenza termica ([K/W]), in analogia alla resistenza elettrica. Quindi, nel caso in cui si abbiano N strati di materiale attraversati da un flusso termico si avrá una resistenza termica totale pari alla somma delle resistenze termiche di ogni strato:

$$R_{tot} = R_1 + R_2 + R_3 + \cdots + R_N \tag{2.5}$$

mentre nel caso in cui gli strati siano disposti parallelamente alla direzione del flusso, la resistenza termica totale sará data dal parallelo delle resistenze di ogni strato:

$$R_{tot} = \left(\frac{1}{R_1} + \frac{1}{R_2} + \frac{1}{R_3} + \cdots \frac{1}{R_N} \right)^{-1} \tag{2.6}$$

2.1 Lastra piana

Calcolare la potenza termica che attaversa una parete quadrata di lato $L = 2$ m e spessore $s = 2$ cm (si veda la Fig. 2.2), se le due superfici che delimitano la parete sono poste rispettivamente alle temperature $T_1 = 20$ °C e $T_2 = 0$ °C, nel caso in cui il materiale di cui é composta la parete sia:
a) vetro ($k = 0.78$ W/(m K))
b) ferro ($k = 80.2$ W/(m K))

Determinare inoltre come varia la temperatura all'interno della parete.

Soluzione
a) Dalle equazioni (2.1) e (2.2), integrando su una superficie ad x costante, si ottiene:

$$\begin{aligned} Q &= \int_S (-k\,\nabla T \cdot \boldsymbol{n})\,\mathrm{d}S = \int_S \left(-k\,\frac{\mathrm{d}T}{\mathrm{d}x}\right)\mathrm{d}S = \\ &= -k\,\frac{T(x=s) - T(x=0)}{s}\int_S \mathrm{d}S = k\,\frac{T_1 - T_2}{s}S = \\ &= 0.78 \times \frac{20}{0.02} \times 4 = 3120\ \mathrm{W} = 3.12\ \mathrm{kW} \end{aligned} \tag{2.7}$$

dove si é supposto che la temperatura sia funzione solo di x, (ipotesi ragionevole in quanto $s << L$), e quindi ∇T é costante su S.
La resistenza termica dello strato vale:

$$R = \frac{s}{kS} = \frac{0.02}{0.78 \times 4} = 0.006\ \mathrm{°C/W} \tag{2.8}$$

b) Come visto al punto (a):

$$Q = 80.2 \times \frac{20}{0.02} \times 4 = 320800 \text{ W} = 320.8 \text{ kW} \tag{2.9}$$

La resistenza termica dello strato vale:

$$R = \frac{s}{kS} = \frac{0.02}{80.2 \times 4} = 0.00006 \text{ °C/W} \tag{2.10}$$

Si osservi come la potenza che attraversa lo strato di ferro sia molto maggiore di quella che attraversa lo strato di vetro, a paritá di salto di temperatura.
Per trovare la distribuzione di temperatura all'interno della parete, si consideri l'equazione (2.3), in condizioni stazionarie ($\frac{\partial T}{\partial t} = 0$) e con potenza generata nulla ($q_g = 0$). Si ottiene:

$$\nabla^2 T = 0 \Rightarrow \frac{\mathrm{d}^2 T}{\mathrm{d}x^2} = 0 \tag{2.11}$$

L'equazione (2.11) ha come primitiva:

$$T = Ax + B \tag{2.12}$$

dove le costanti A e B si determinano in base alle condizioni al contorno:

$$\begin{aligned} T(x = 0) &= T_1 \\ T(x = s) &= T_2 \end{aligned} \tag{2.13}$$

da cui:

$$\begin{aligned} B &= T_1 = 20 \text{ °C} \\ A\, s + B = T_2 \rightarrow A &= \frac{T_2 - B}{s} = \frac{0 - 20}{0.02} = -1000 \text{ °C/m} \end{aligned} \tag{2.14}$$

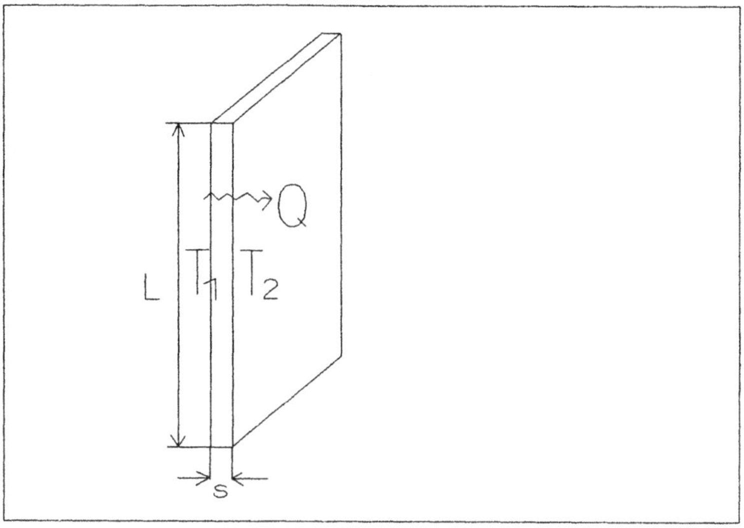

Figura 2.2: Lastra piana

da cui:

$$T = -1000x + 20 \tag{2.15}$$

Si noti che, fissato il salto di temperatura, la distribuzione di temperatura all'interno dello strato non dipende dalla conducibilitá termica del materiale considerato.

2.2 Lastra piana composta

Calcolare la potenza termica che attraversa una parete quadrata di lato $L = 2$ m e spessore complessivo $s = 2$ cm, se le due superfici che delimitano la parete sono poste rispettivamente alle temperature $T_1 = 20$ °C e $T_2 = 0$ °C, nel caso in cui la parete sia formata da piú strati dei seguenti materiali (vedere Figura 2.3):
a) uno strato di vetro ($k = 0.78$ W/(m K)) di spessore $s_1 = 1$ cm ed uno di legno ($k = 0.17$ W/(m K)) di spessore $s_2 = 1$ cm
b) due strati di vetro di spessore $s_1 = s_3 = 0.5$ cm che contengono uno strato d'aria ($k = 0.026$ W/(m K)) di spessore $s_2 = 1$ cm.

Determinare inoltre le temperature delle pareti che delimitano gli strati.

Soluzione
a) Utilizzando l'equazione (2.5), dato che in questo caso gli strati sono in serie, si ottiene:

$$R_{tot} = R_1 + R_2 = 0.01/(0.78 \times 4) + 0.01/(0.17 \times 4) = 0.018 \text{ kW} \quad (2.16)$$

da cui:

$$Q = 20/0.018 = 1111 \text{ W} \quad (2.17)$$

Per determinare la temperatura T_s della superficie che separa lo strato di legno e quello di vetro osserviamo che:

$$Q = \frac{T_1 - T_s}{R_1} = \frac{T_s - T_2}{R_2} \quad (2.18)$$

da cui:

$$T_s\left(\frac{1}{R_1}+\frac{1}{R_2}\right)=\frac{T_1}{R_1}+\frac{T_2}{R_2}=$$
$$=\frac{T_1R_2+T_2R_1}{R_1+R_2}=16.3\ ^\circ\mathrm{C} \qquad (2.19)$$

b) Come visto per il caso (a), ma questa volta considerando tre strati:

$$R_{tot}=R_1+R_2+R_3=2\times 0.005/(0.78\times 4)+$$
$$0.01/(0.026\times 4)=0.099\ \mathrm{K/W} \qquad (2.20)$$

da cui:

$$Q=20/0.099=202\ \mathrm{W} \qquad (2.21)$$

Per determinare le temperature T_{s1} e T_{s2} delle superfici che separano lo strato di aria procediamo come al punto (a):

$$Q=\frac{T_1-T_{s1}}{R_1}=\frac{T_{s1}-T_{s2}}{R_2}=\frac{T_{s2}-T_2}{R_3} \qquad (2.22)$$

da cui, essendo $R_1=R_3=R=0.005/(0.78\times 4)=1.6\times 10^{-3}$ K/W:

$$T_{s1}=\frac{T_1(R+R_2)+T_2R}{2R+R_2}=19.68\ ^\circ\mathrm{C}$$
$$T_{s2}=\frac{T_2(R+R_2)+T_1R}{2R+R_2}=0.32\ ^\circ\mathrm{C} \qquad (2.23)$$

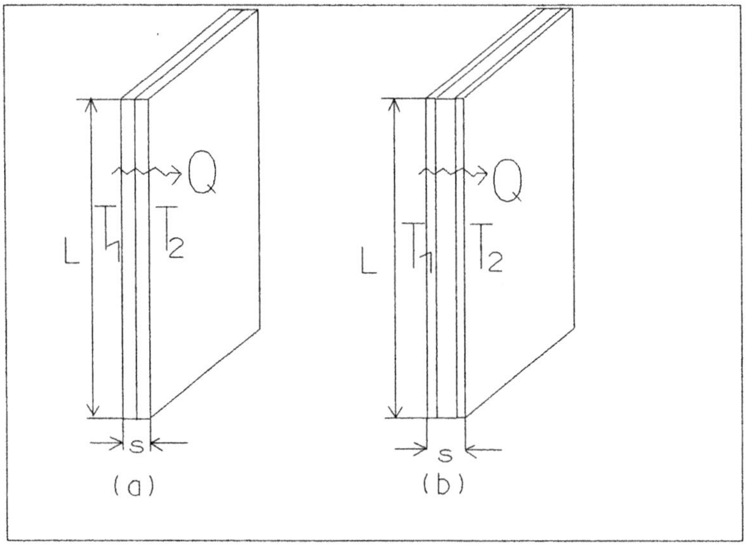

Figura 2.3: Lastra piana composta

2.3 Lastra a strati orizzontali

Calcolare la potenza termica che attraversa una parete quadrata di lato $L = 2$ m e spessore $s = 20$ cm, composta da strati orizzontali di due diversi materiali, come mostrato in Figura 2.4, se le due superfici che delimitano la parete sono poste rispettivamente alle temperature $T_1 = 20$ °C e $T_2 = 0$ °C. Si supponga che gli strati siano composti da:
a) mattoni ($k = 0.72$ W/(m K)) di spessore $l_1 = 18$ cm e calce ($k = 1.4$ W/(m K)) di spessore $l_2 = 2$ cm
b) legno ($k = 0.17$ W/(m K)) di spessore $l_1 = 10$ cm e vetro ($k = 0.78$ W/(m K)) di spessore $l_2 = 10$ cm

Soluzione

a) In questo caso gli strati sono in parallelo rispetto alla direzione del flusso termico. Essendo in totale $N = L/(l_1 + l_2) = 2/(0.18 + 0.02) = 10$ strati mattone-calce, la potenza totale che attraversa uno strato mattoni+calce sará pari a:

$$Q_{tot} = 10 \times \frac{T_1 - T_2}{R_{tot}} \tag{2.24}$$

dove R_{tot} é il parallelo fra la resistenza di uno strato di mattone e la resistenza di uno strato di calce, cioé:

$$R_{tot} = \frac{R_1 R_2}{R_1 + R_2} = \frac{\frac{s}{k_1 S_1}\frac{s}{k_2 S_2}}{\frac{s}{k_1 S_1} + \frac{s}{k_2 S_2}} =$$

$$= \frac{s}{k_1 S_1 + k_2 S_2} = \frac{0.2}{0.72 \times 0.18 \times 2 + 1.4 \times 0.02 \times 2} =$$

$$= \frac{0.2}{0.315} = 0.63 \text{ K/W} \qquad (2.25)$$

da cui:

$$Q = 10 \times 20/0.63 = 317.5 \text{ W} \qquad (2.26)$$

b) Come visto al punto (a), (anche in questo caso ci sono in totale $N = L/(l_1 + l_2) = 2/(0.1 + 0.1) = 10$ strati vetro-legno:

$$R_{tot} = \frac{R_1 R_2}{R_1 + R_2} = \frac{\frac{s}{k_1 S_1}\frac{s}{k_2 S_2}}{\frac{s}{k_1 S_1} + \frac{s}{k_2 S_2}} =$$

$$= \frac{s}{k_1 S_1 + k_2 S_2} = \frac{0.2}{0.17 \times 0.1 \times 2 + 0.78 \times 0.1 \times 2} =$$

$$= \frac{0.2}{0.19} = 1.05 \text{ K/W} \qquad (2.27)$$

da cui:

$$Q = 10 \times 20/1.05 = 190 \text{ W} \qquad (2.28)$$

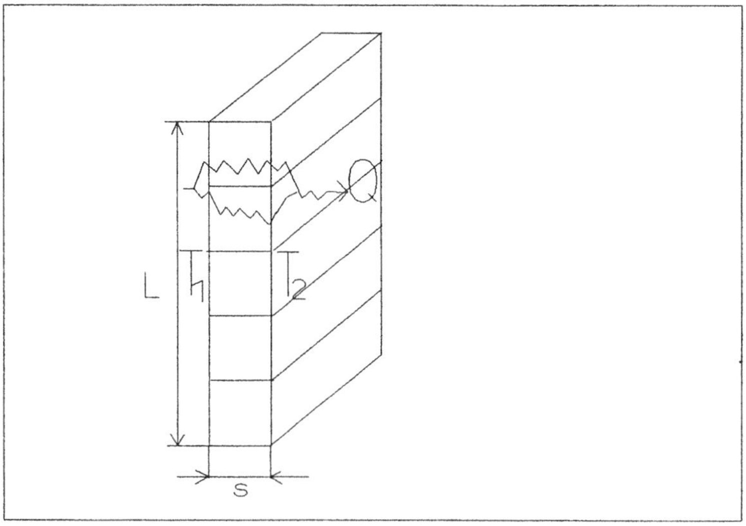

Figura 2.4: Lastra piana a strati orizzontali

2.4 Conducibilitá variable

Dato uno strato piano di ferro puro, con conducibiltá termica variabile con la temperatura, (riportata in Tabella 2), di dimensioni (L = 2 m) x (L = 2 m) x (s = 20 cm), le cui pareti S_1 ed S_2 sono poste rispettivamente alle temperature T_1 = 600 K e T_2 = 400 K, determinare la temperatura che si misura all'interno dello strato ad una distanza pari a:

a) 1 cm dalla superficie S_1

b) 10 cm dalla superficie S_1

c) 1 cm dalla superficie S_2.

Temperatura	Conducibilitá termica	Calore specifico
[K]	[W/(m K)]	[W/(kg K)]
100	134	216
200	94	384
400	69.5	490
600	54.7	574
800	43.3	680
1000	32.8	975
1200	28.3	609

Tab. 2: Conducibilitá termica del ferro puro e calore specifico a pressione costante in funzione della temperatura (vedere [1], pag. 666)

Soluzione

Si supponga che la conducibilitá termica k del ferro abbia un andamento lineare nell'intervallo di temperatura 400 K $< T <$ 600 K. Quindi k avrá la forma:

$$k(T) = a + bT = 99.1 - 0.074T \tag{2.29}$$

L'equazione di Fourier (2.3), nel caso di k variabile, in regime stazionario e senza generazione di calore diventa:

$$\frac{\mathrm{d}}{\mathrm{d}x}\left[(a + bT)\frac{\mathrm{d}T}{\mathrm{d}x}\right] = 0 \tag{2.30}$$

Integrando l'equazione (2.30) si ottiene:

$$aT + b\frac{T^2}{2} = Ax + B \tag{2.31}$$

dove le costanti di integrazione A e B sono da determinare in base alle condizioni al contorno:

$$\begin{aligned} aT_1 + b\frac{T_1^2}{2} &= B = 46140 \text{ W/m} \\ aT_2 + b\frac{T_2^2}{2} &= As + aT_1 + b\frac{T_1^2}{2} \Rightarrow \\ \Rightarrow A &= \frac{a}{s}(T_2 - T_1) + \frac{b}{2s}(T_2^2 - T_1^2) = \\ &= -62100 \text{ W/m}^2 \end{aligned} \quad (2.32)$$

Sostituendo i valori di a e b (definiti nell'equazione (2.29)) e quelli di A e B (trovati in (2.32)) nell'equazione (2.31), e risolvendo rispetto a T si ottiene:

$$T = \frac{-a + \sqrt{a^2 + 2b(Ax + B)}}{b} = -99.1 + \frac{\sqrt{2991.38 + 9190.8x}}{-0.074} \quad (2.33)$$

In Figura 2.5 é riportato il confronto fra l'andamento della temperatura ottenuta nell'equazione (2.33) con quello lineare che si otterrebbe supponendo la conducibilitá costante.

Confrontando il valore T della temperatura nei tre punti $x_1 = 1$ cm, $x_1 = 10$ cm e $x_1 = 19$ cm con il valore della temperatura T_{lin} che si avrebbe se la conducibilitá termica fosse costante si ottiene:

$$\begin{aligned} T(x_1 = 1 \text{ cm}) &= 588.7 \text{ K} & T_{lin}(x_1 = 1 \text{ cm}) &= 590 \text{ K} \\ T(x_1 = 10 \text{ cm}) &= 494.1 \text{ K} & T_{lin}(x_1 = 10 \text{ cm}) &= 500 \text{ K} \\ T(x_1 = 19 \text{ cm}) &= 408.98 \text{ K} & T_{lin}(x_1 = 19 \text{ cm}) &= 410 \text{ K} \end{aligned} \quad (2.34)$$

Si puó osservare che il massimo dello scostamento si ha al centro dell'intervallo $0 < x < 20$ cm.

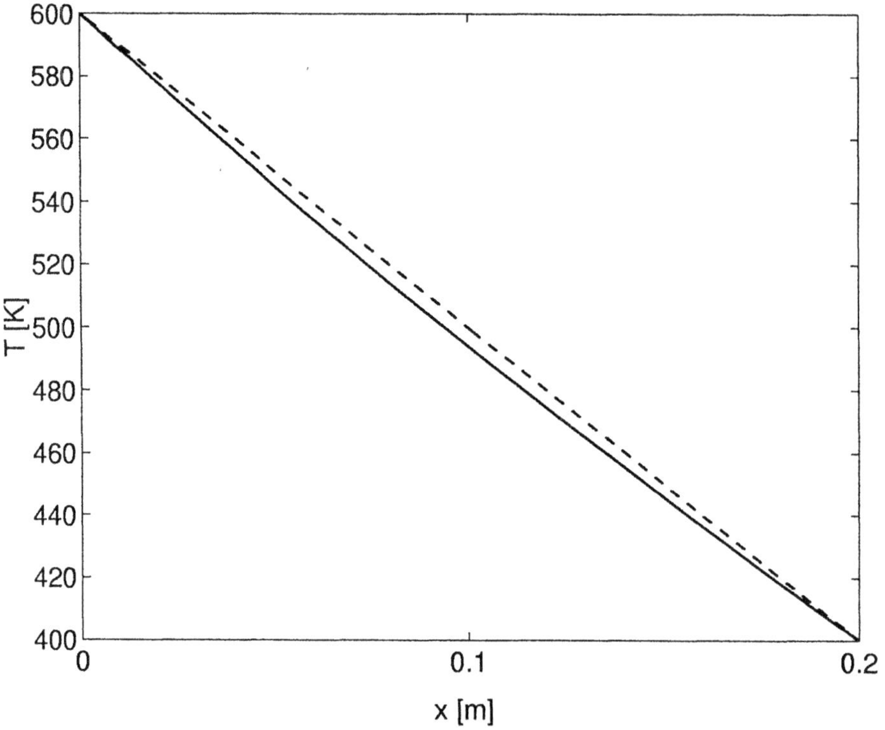

Figura 2.5: Confronto fra la temperatura nello strato di ferro con conducibilitá variabile (linea continua) e quella con conducibilitá costante (linea tratteggiata)

2.5 Strato cilindrico

Calcolare la potenza termica che attaversa un tubo di lunghezza $L = 2$ m, diametro interno $D = 20$ cm e spessore $s = 2$ cm, se le due superfici interna ed esterna che delimitano la parete sono poste rispettivamente alle temperature $T_1 = 20$ °C e $T_2 = 0$ °C, nel caso in cui il materiale di cui é composta la parete sia:
a) vetro ($k = 0.78$ W/(m K))
b) ferro ($k = 80.2$ W/(m K))

Si determini inoltre come varia la temperatura nello strato.

Soluzione

a) Si consideri una superficie cilindrica di raggio r all'interno dello strato ($r_1 = D/2 < r < D/2 + s = r_2$), come mostrato in Figura 2.6. Secondo la legge di Fourier (equazioni (2.1) e (2.2)), tale superficie viene attraversata da una potenza termica Q pari a:

$$Q = \int_S \boldsymbol{q} \cdot \boldsymbol{n} \, \mathrm{d}S \qquad [\mathrm{W}] =$$

$$= -k \int_S \frac{\partial T}{\partial r} \, \mathrm{d}S = -k \frac{\partial T}{\partial r} \times 2\pi \times r \times L \tag{2.35}$$

essendo $\frac{\partial T}{\partial r}$ funzione di r e quindi costante su una superficie ad r costante. La potenza Q che attraversa una superficie in $r = r_i$ é uguale alla potenza che attraversa una superficie in $r = r_j$, con $r_1 < r_i; r_j < r_2$; infatti,

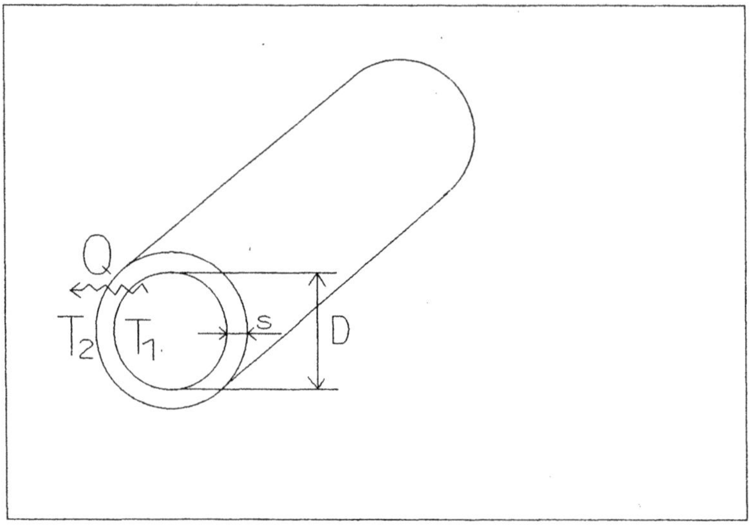

Figura 2.6: Strato cilindrico

preso uno straterello di materiale compreso fra r ed $r + \mathrm{d}r$, in regime stazionario, se non c'é produzione di energia, all'interno dello strato l'energia si conserva. Quindi deve succedere che la potenza entrante nello straterello deve essere uguale a quella uscente.
Dall'equazione (2.35) si ottiene quindi:

$$\frac{\mathrm{d}T}{\mathrm{d}r} = -\frac{Q}{2\pi k r L} \tag{2.36}$$

da cui:

$$T_2 - T_1 = -\frac{Q}{2\pi k L} \ln\frac{r_2}{r_1} \tag{2.37}$$

e quindi si ottiene la potenza Q:

$$Q = 2\pi \times k \times L \times \frac{T_1 - T_2}{\ln \frac{r_2}{r_1}} =$$

$$= 2 \times \pi \times 2 \times 0.78 \times \frac{20}{\ln \frac{0.12}{0.1}} = 1075 \text{ W} \tag{2.38}$$

La distribuzione di temperatura nello strato puó essere ottenuta integrando l'equazione (2.36) fra r_1 ed r e sostituendo a Q quanto trovato sopra:

$$T(r) = T_1 - \frac{Q}{2\pi k L} \ln \frac{r}{r_1} = T_1 - \frac{T_1 - T_2}{\ln \frac{r_2}{r_1}} \ln \frac{r}{r_1} \tag{2.39}$$

da cui:

$$T(r) = 20 - \frac{20}{0.18} \ln \frac{r}{0.1} = -232.6 - 109.7 \ln r \tag{2.40}$$

In Figura 2.7 é mostrato il confronto fra la distribuzione di temperatura ottenuta in equazione (2.39) e quella che si avrebbe se lo strato fosse piano.

b) Analogamente al caso (a) si ha:

$$Q = 2 \times \pi \times 2 \times 80.2 \times \frac{20}{\ln \frac{0.12}{0.1}} = 110554 \text{ W} = 110.554 \text{ kW} \tag{2.41}$$

e la distribuzione di temperatura che si ottiene é la stessa di quella trovata al punto (a).

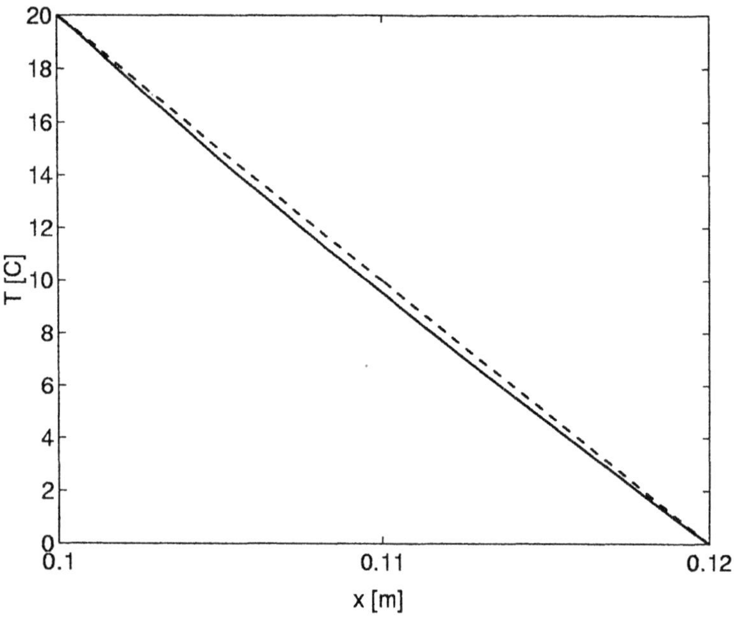

Figura 2.7: Distribuzione di temperatura in uno strato cilindrico (linea continua) e in uno strato piano (linea tratteggiata)

2.6 Strato cilindrico composto

Calcolare la potenza termica che attraversa un tubo di lunghezza $L = 2$ m, diametro interno $D = 20$ cm e spessore complessivo $s = 2$ cm, se le due superfici che delimitano le pareti interna ed esterna del tubo sono poste rispettivamente alle temperature $T_1 = 20$ °C e $T_2 = 0$ °C, nel caso in cui il tubo sia formato da piú strati dei seguenti materiali:
a) uno strato di vetro ($k = 0.78$ W/(m K)) di spessore $s_1 = 1$ cm ricoperto da uno di legno ($k = 0.17$ W/(m K)) di spessore $s_2 = 1$ cm
b) due strati di vetro di spessore $s_1 = s_3 = 0.5$ cm che contengono uno strato d'aria ($k = 0.026$ W/(m K)) di spessore $s_2 = 1$ cm.

Determinare inoltre la temperatura della parete che separa gli strati.

Soluzione
a) Come per il caso piano, anche per la geometria cilindrica si ha che la resistenza termica totale é data dalla somma delle resistenze termiche dei singoli strati:

$$R_{tot} = R_1 + R_2 = \frac{\ln \frac{0.11}{0.1}}{2 \times \pi \times 2 \times 0.78} + \frac{\ln \frac{0.12}{0.11}}{2 \times \pi \times 2 \times 0.17} = 0.0542 \text{ K/W} \tag{2.42}$$

da cui:

$$Q = 20/0.0542 = 369 \text{ W} \tag{2.43}$$

La temperatura della parete che separa i due strati si ottiene dall'equazione (2.39):

$$T(r_1) = T_1 - \frac{Q}{2\pi k L} \ln \frac{r_1}{r_0} = 20 - \frac{369}{2\pi \times 0.78 \times 2} \ln 0.110.1 = 14.4°\text{C} \quad (2.44)$$

b) Analogamente al punto (a) si ha:

$$R_{tot} = R_1 + R_2 + R_3 = \frac{\ln \frac{0.105}{0.1}}{2 \times \pi \times 2 \times 0.78} + $$
$$+ \frac{\ln \frac{0.115}{0.105}}{2 \times \pi \times 2 \times 0.026} + \frac{\ln \frac{0.12}{0.115}}{2 \times \pi \times 2 \times 0.78} = 0.287 \ \text{K/W} \quad (2.45)$$

da cui:

$$Q = 20/0.287 = 69.7 \text{ W} \quad (2.46)$$

Le temperature delle due pareti che separano i tre strati si ottengono dall'equazione (2.39):

$$T(r_1) = T_1 - \frac{Q}{2\pi k L} \ln \frac{r_1}{r_0} = 20 - \frac{69.7}{2\pi \times 0.78 \times 2} \ln \frac{0.105}{0.1} = 19.6°\text{C} \quad (2.47)$$

e

$$T(r_2) = T(r_1) - \frac{Q}{2\pi k L} \ln \frac{r_2}{r_1} = 19.6 - \frac{69.7}{2\pi \times 0.026 \times 2} \ln \frac{0.115}{0.105} = 0.2°\text{C} \quad (2.48)$$

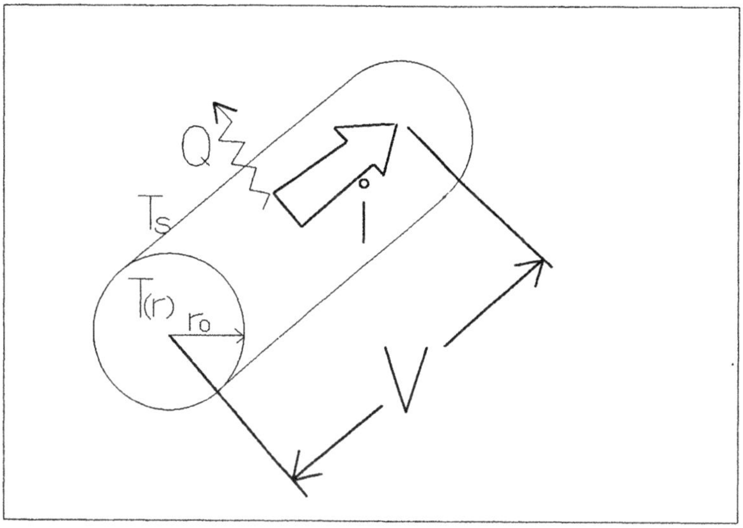

Figura 2.8: Resistore cilindrico percorso da corrente

2.7 Conduzione con generazione

Si consideri un resistore elettrico di rame (k = 386 W/(m K)), cilindrico, di raggio r_0 = 1 mm e lunghezza L = 4 m, la cui superficie sia posta alla temperatura T_s = 30°C. Se la resistivitá elettrica del rame é R = 0.017 Ohm $\times$ mm^2/m, determinare qual'é la tensione che si deve applicare ai capi del resistore affinché la temperatura sull'asse del resistore risulti di 7°C superiore a quella della superficie.

Soluzione

L'equazione di Fourier (2.3) in regime stazionario puó essere scritta come:

$$\nabla^2 T + \frac{q_g}{k} = 0 \tag{2.49}$$

dove q_g é la potenza generata per unitá di volume per effetto Joule:

$$q_g = \frac{V \times i}{\pi r_0^2 \times L} = \frac{V^2}{\pi r_0^2 \times L \times R_{ele}} \tag{2.50}$$

dove:

$$\begin{aligned} R_{ele} &= R/S \times L = \\ &= 0.017/(\pi \times 1) \times 4 = 0.0216 \text{ Ohm} \end{aligned} \tag{2.51}$$

é la resistenza elettrica del conduttore. Per la geometria del problema, il campo di temperatura dipende solo dalla coordinata radiale r, quindi esprimendo il laplaciano in coordinate cilindriche, l'equazione (2.3) diventa:

$$\frac{\mathrm{d}^2 T}{\mathrm{d}x} + \frac{1}{r}\frac{\mathrm{d}T}{\mathrm{d}r} = -\frac{q_g}{k} \tag{2.52}$$

che puó essere scritta anche come:

$$\frac{1}{r}\left(\frac{\mathrm{d}}{\mathrm{d}r}\left(r\frac{\mathrm{d}T}{\mathrm{d}r}\right)\right) = -\frac{q_g}{k} \tag{2.53}$$

cioé

$$\frac{\mathrm{d}}{\mathrm{d}r}\left(r\frac{\mathrm{d}T}{\mathrm{d}r}\right) = -\frac{q_g}{k}r \tag{2.54}$$

Integrando una prima volta si ottiene:

$$r\frac{\mathrm{d}T}{\mathrm{d}r} = -\frac{q_g}{2k}r^2 + A \tag{2.55}$$

dividendo per r ed integrando una seconda volta:

$$T(r) = -\frac{q_g}{4k}r^2 + A\ln r + B \tag{2.56}$$

dove $A = 0$ per eliminare la singolaritá non fisicamente accettabile che si ha in $r = 0$. Applichiamo ora la condizione al contorno:

$$\begin{aligned} T(r_0) &= T_s \Rightarrow \\ \Rightarrow -\frac{q_g}{4k}r_0^2 + B &= T_s \Rightarrow \\ \Rightarrow B &= T_s + \frac{q_g}{4k}r_0^2 \end{aligned} \tag{2.57}$$

Quindi la soluzione é:

$$T = T_s + \frac{q_g}{4k}(r_0^2 - r^2) \tag{2.58}$$

Cioé la temperatura ha un andamento parabolico, come mostrato in Figura 2.9, con il massimo in $r = 0$.

Perché la temperatura sull'asse del conduttore sia di 7°C superiore a quella della superficie del cilindro, cioé:

$$T(r = 0) = T_s + 7 = 37°\text{C} \tag{2.59}$$

si deve quindi avere, dalle equazioni (2.50) e (2.58):

$$\begin{aligned} q_g &= \frac{V^2}{\pi r_0^2 \times L \times R_{ele}} = \\ &= (T(r = 0) - T_s)\frac{4k}{r_0^2} \Rightarrow \\ \Rightarrow V &= \sqrt{(T(x = 0) - T_s) \times 4k \times L \times R_{ele} \times \pi} \end{aligned} \tag{2.60}$$

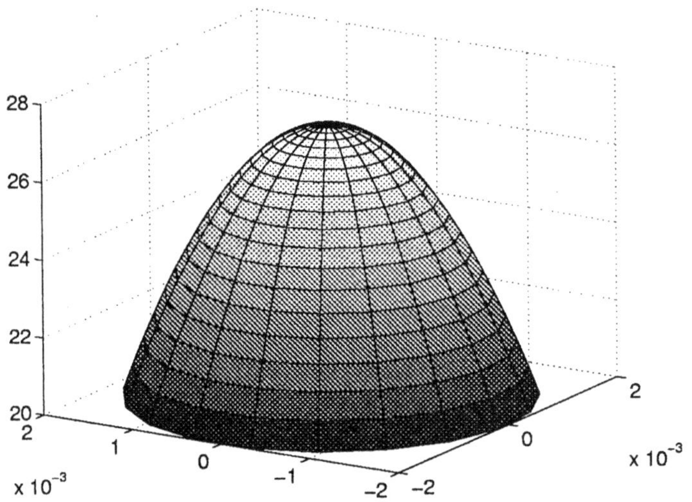

Figura 2.9: Distribuzione di temperatura nel resistore cilindrico percorso da corrente

Quindi la differenza di potenziale da applicare ai capi del conduttore per avere una differenza di temperatura pari a 7°C deve essere:

$$V = \sqrt{7 \times 4 \times 386 \times 4 \times 0.0216 \times \pi} = 54 \text{ V} \tag{2.61}$$

Capitolo 3

Convezione termica

La convezione termica riguarda lo studio dello scambio di calore fra una superficie solida ed un fluido in moto rispetto ad essa [3]. A differenza della conduzione, nella convezione le caratteristiche del moto, oltre che le condizioni imposte sulla parete e le proprietá del fluido, costituiscono gli elementi principali per la valutazione del flusso termico alla parete o del coefficiente di scambio termico. La potenza scambiata fra una parete di area S, posta alla temperatura T_p e un fluido con una temperatura di mescolamento T_f puó essere espressa come:

$$Q = hS(T_p - T_f) \tag{3.1}$$

Mentre in molti casi il coefficiente di convezione h ([W/(m^2 K)]) viene fornito o assunto, nella realtá la valutazione di h richiede un'analisi del fenomeno convettivo non banale perché i fenomeni di scambio termico conduttivo e convettivo sono accoppiati. La forma adimensionale di h é il numero di Nusselt:

$$\mathrm{Nu} = \frac{h\,L}{k} \tag{3.2}$$

dove L é una lunghezza caratteristica del problema e k é la conducibilitá termica del fluido. Nusselt puó essere definito come il rapporto tra lo scambio termico convettivo e quello per conduzione nelle stesse condizioni. Infatti facendo il rapporto fra l'equazione (3.1) e la potenza termica che sarebbe scambiata se lo strato di fluido fosse fermo:

$$Q = \frac{kS}{L}(T_p - T_f) \tag{3.3}$$

si ottiene la (3.2). Se il fluido é in movimento rispetto alla superficie del corpo con una velocitá imposta da un propulsore e indipendente dalla temperatura del corpo, la convezione é denominata *forzata*. Quando il movimento del flido é provocato unicamente dai gradienti locali di densitá indotti da differenze di temperatura tra la superficie del corpo ed il fluido, la convezione é detta *naturale*. In questo capitolo verranno studiati alcuni problemi di convezione forzata e naturale. Verranno mostrati alcuni esempi di calcolo di Nu in funzione degli altri raggruppamenti adimensionali. Qui di seguito si riportano soltanto le correlazioni utili allo studio dei casi particolari considerati nel capitolo; per una piú vasta raccolta di correlazioni relative ai diversi casi di convezione, si puó fare riferimento ai testi riportati nella bibliografia (in particolare alle tabelle 10.3 e 10.4 in [2] e alle tabelle 12.3 e 12.4 in [1], oppure ai Capitoli 6-7-8 in [3].

3.1 Alcune correlazioni

3.1.1 Convezione naturale su lastre piane verticali

Ra	Nu
10^4-10^9	Nu=0.59 $Ra^{1/4}$
10^4-10^9	Nu=0.1 $Ra^{1/3}$

3.1.2 Convezione naturale su lastre piane orizzontali con la superficie calda orientata verso l'alto

Ra	Nu
10^4-10^7	Nu=0.54 $Ra^{1/4}$
10^7-10^{11}	Nu=0.15 $Ra^{1/3}$

3.1.3 Convezione naturale su lastre piane orizzontali con la superficie calda orientata verso il basso

Ra	Nu
10^5-10^{11}	Nu=0.27 $Ra^{1/4}$

3.1.4 Convezione forzata su lastre piane

Re	Nu
5-5 $\times 10^5$; $x < x_{cr}$	Nu=0.664 $\mathrm{Re}^{1/2}$ $\mathrm{Pr}^{1/3}$
5×10^5-10^7 ; $x_{cr} < L$	Nu=0.037 $\mathrm{Re}^{4/5}$ $\mathrm{Pr}^{1/3}$

3.1.5 Convezione forzata su cilindri

Re	Nu
0.4-4	Nu=0.989 $\mathrm{Re}^{0.330}$ $\mathrm{Pr}^{1/3}$
4-40	Nu=0.911 $\mathrm{Re}^{0.385}$ $\mathrm{Pr}^{1/3}$
40-4000	Nu=0.683 $\mathrm{Re}^{0.466}$ $\mathrm{Pr}^{1/3}$
4000-40000	Nu=0.193 $\mathrm{Re}^{0.618}$ $\mathrm{Pr}^{1/3}$
40000-400000	Nu=0.027 $\mathrm{Re}^{0.805}$ $\mathrm{Pr}^{1/3}$

3.1.6 Convezione forzata entro condotti cilindrici

Re	Nu
1-10000	$\mathrm{Nu}=1.86 \left(\frac{\mathrm{Re}\,\mathrm{Pr} D}{L}\right)^{1/3} \frac{\mu_m}{\mu_s}$
$10^4 - 10^8$	$\mathrm{Nu}=0.023\ \mathrm{Re}^{0.8}\mathrm{Pr}^n$

dove $n = 4$ per il riscaldamento del fluido e $n = 3$ per il raffreddamento del fluido.

3.1.7 Proprietá dell'aria in funzione della temperatura

Temperatura	Densitá	Viscositá
[°C]	[kg/m^3]	[m^2/s]
0	1.293	13.22×10^{-6}
50	1.093	17.85×10^{-6}
100	0.946	22.99×10^{-6}
150	0.834	28.60×10^{-6}
200	0.746	34.61×10^{-6}
250	0.675	41.04×10^{-6}
300	0.616	47.82×10^{-6}
350	0.567	54.90×10^{-6}
400	0.525	62.46×10^{-6}
450	0.488	70.35×10^{-6}
500	0.457	78.40×10^{-6}

3.2 Superficie piana

Determinare la potenza scambiata per convezione fra una superficie piana, quadrata di lato $L = 20$ cm, posta alla temperatura $T_p = 80$ °C, ed aria ventilata (con coefficiente di scambio termico medio $h = 100$ W/(m^{2}K)) alla temperatura $T_a = 20$ °C.

Soluzione

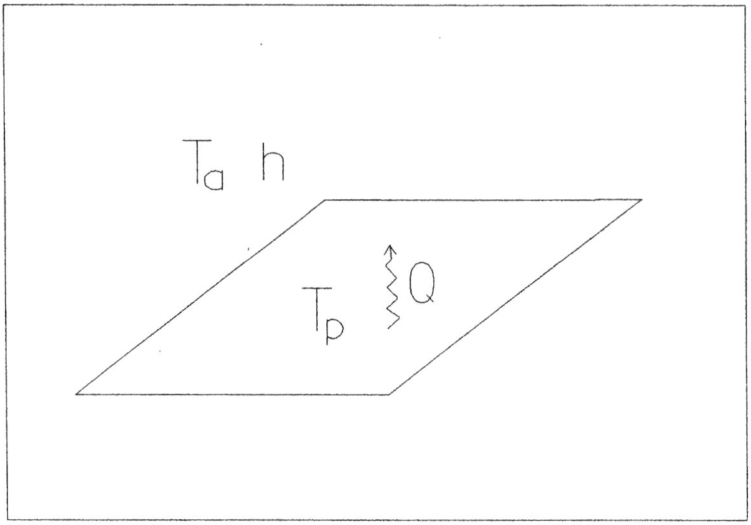

Figura 3.1: Scambio termico per convezione fra parete ed aria

$$Q = h \times S \times (T_p - T_a) = 100 \times 0.04 \times (80 - 20) = 240 \text{ W} \qquad (3.4)$$

3.3 Convezione naturale

Determinare la potenza termica scambiata per convezione naturale fra una lastra piana, quadrata di lato $L = 20$ cm, posta alla temperatura $T_s = 80$ ° C, con aria atmosferica alla temperatura $T_a = 20$ °C e pressione $p = 1$ bar, nei casi in cui:

a) la lastra sia verticale

b) la lastra sia orizzontale con la superficie calda orientata verso l'alto

c) la lastra sia orizzontale con la superficie calda orientata verso il basso.

Soluzione

A differenza dell'esercizio precedente, in questo caso non é dato il coefficiente di scambio termico medio h. Quindi bisogna calcolarlo utilizzando le relazioni riportate all'inizio del Capitolo.

La temperatura di riferimento alla quale considerare le proprietá dell'aria é data da:

$$T_r = \frac{T_a + T_s}{2} = \frac{80 + 20}{2} = 50 \text{ °C} \tag{3.5}$$

Dalle tabelle si trovano i seguenti valori per le proprietá dell'aria a 50 °C:

$$k = 0.0297 \text{ W/(m K)}$$

$$\nu = 17.85 \times 10^{-6} \text{ m}^2\text{/s}$$

$$\text{Pr} = 0.708$$

$$\beta = \frac{1}{50 + 273.15} = 0.00309 \text{ K}^{-1} \tag{3.6}$$

a)

In questo caso la lunghezza caratteristica corrisponde al lato della piastra $L = 2$ cm. Il numero di Nusselt é dato dall'equazione di Tabella 3.1.1, con:

$$\mathrm{Ra} = \frac{g\beta(T_s - T_a)L^3}{v^2}\mathrm{Pr} =$$
$$= \frac{9.81 \times 0.00309(80-20)0.2^3}{17.85^2 \times 10^{-12}}0.708 = 0.323 \times 10^8 \quad (3.7)$$

da cui:

$$\mathrm{Nu} = 0.59 \times (0.323^{1/4} \times 10^2) = 44.48 \quad (3.8)$$

da cui:

$$h = \frac{k\mathrm{Nu}}{L} = \frac{0.0297 \times 44.48}{0.2} = 6.6\ \mathrm{W/(m^2}K) \quad (3.9)$$

Quindi la potenza scambiata fra la superficie e l'aria vale:

$$Q = hS(T_s - T_a) = 6.6 \times 0.04 \times (80-20) = 15.8\ \mathrm{W} \quad (3.10)$$

b)

In questo caso la lunghezza caratteristica é $\delta = S/(4 \times L) = 400/80 = 5$ cm. Il numero di Nusselt é dato dall'equazione in Tabella 3.1.2, con:

$$\mathrm{Ra} = \frac{g\beta(T_s - T_a)\delta^3}{v^2}\mathrm{Pr} = \frac{9.81 \times 0.00309(80-20)0.05^3}{17.85^2 \times 10^{-12}}0.708 = 50.05 \times 10^4 \quad (3.11)$$

da cui:

$$\mathrm{Nu} = 0.59 \times 50.05^{1/4} \times 10 = 15.7 \quad (3.12)$$

da cui:

$$h = \frac{k\mathrm{Nu}}{\delta} = \frac{0.0297 \times 15.7}{0.05} = 9.3\ \mathrm{W/(m^2K)} \quad (3.13)$$

Quindi la potenza scambiata fra la superficie e l'aria vale:

$$Q = hS(T_s - T_a) = 9.3 \times 0.04 \times (80 - 20) = 22 \text{ W} \tag{3.14}$$

c)

In questo caso la lunghezza caratteristica $\delta = S/(4 \times L) = 400/80 = 5$ cm.

Il numero di Nusselt é dato dall'equazione in Tabella 3.1.3, con:

$$\text{Ra} = \frac{g\beta(T_s - T_a)\delta^3}{v^2}\text{Pr} = \frac{9.81 \times 0.00309(80 - 20)0.05^3}{17.85^2 \times 10^{-12}}0.708 = 50.05 \times 10^4 \tag{3.15}$$

da cui:

$$\text{Nu} = 0.27 \times 50.05^{1/4} \times 10 = 7.18 \tag{3.16}$$

da cui:

$$h = \frac{kNu}{\delta} = \frac{0.0297 \times 7.18}{0.05} = 4.26 \text{ W/(m}^2\text{K)} \tag{3.17}$$

Quindi la potenza scambiata fra la superficie e l'aria vale:

$$Q = hS(T_s - T_a) = 4.26 \times 0.04 \times (80 - 20) = 10 \text{ W} \tag{3.18}$$

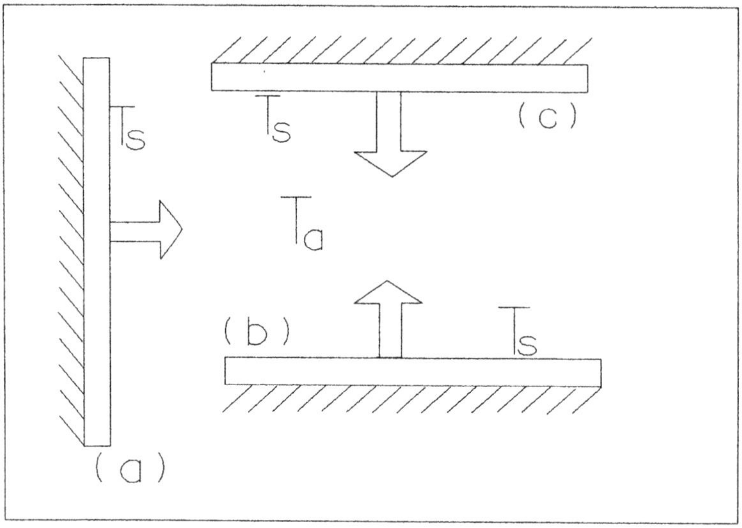

Figura 3.2: Scambio termico per convezione naturale fra una parete (a) verticale, (b) orizzontale orientata verso l'alto, (c) orizzontale orientata verso il basso ed aria

3.4 Convezione forzata su lastra piana

Determinare la potenza scambiata fra una superficie piana, quadrata di lato $L = 20$ cm, posta alla temperatura $T_s = 80$ °C, ed aria alla temperatura $T_a = 20$ °C, nei casi in cui venga soffiata alla velocitá:

a) $v = 2$ m/s

b) $v = 20$ m/s

Si supponga che il sistema si trovi in regime stazionario e che l'influenza dell'irraggiamento termico sia trascurabile.

Soluzione

Le proprietá dell'aria vanno valutate alla temperatura:

$$T_f = \frac{T_s + T_a}{2} = 50 \text{ °C} \tag{3.19}$$

Le proprietá dell'aria alla temperatura T_f ed alla pressione atmosferica sono le seguenti (vedere anche la Tabella 3.1.4):

$$\begin{aligned} k &= 0.0297 \text{ W/(m K)} \\ \text{Pr} &= 0.7 \\ \nu &= 17.85 \times 10^{-6} \text{ m}^2\text{/s} \end{aligned} \tag{3.20}$$

a)

La distanza dal bordo di attacco entro cui il flusso risulta laminare é data da:

$$x_{cr} = \frac{\text{Re}_{cr}\nu}{v} = \frac{5 \times 10^5 \times 17.85 \times 10^{-6}}{2} = 4.46 \text{ m} \tag{3.21}$$

Quindi il numero di Reynolds per $x = L$ vale:

$$\mathrm{Re} = \frac{v\,L}{\nu} = \frac{2 \times 0.2}{17.85 \times 10^{-6}} = 2.2409 \times 10^4 \tag{3.22}$$

cioé é minore di Re_{cr}. Si avrá perció flusso laminare, e il numero di Nusselt medio sull'intera piastra sará:

$$\mathrm{Nu} = \frac{hL}{k} = 0.664\mathrm{Re}^{1/2}\mathrm{Pr}^{1/3} = \\ = 0.664 \times 149.7 \times 0.8879 = 88.26 \tag{3.23}$$

Quindi si avrá:

$$h = \frac{k\,\mathrm{Nu}}{L} = \frac{0.0297 \times 88.26}{0.2} = 13.1\ \mathrm{W/(m^2\ K)} \tag{3.24}$$

Da cui:

$$Q = hS(T_s - T_a) = 13.1 \times 0.04 \times 60 = 31.44\ \mathrm{W} \tag{3.25}$$

b)

La distanza dal bordo di attacco entro cui il flusso risulta laminare é data da:

$$x_{cr} = \frac{\mathrm{Re}_{cr}\nu}{v} = \frac{5 \times 10^5 \times 17.85 \times 10^{-6}}{20} = 0.446\ \mathrm{m} \tag{3.26}$$

Il numero di Reynolds per $x = L$ vale:

$$\mathrm{Re} = \frac{v\,L}{\nu} = \frac{20 \times 0.2}{17.85 \times 10^{-6}} = 2.2409 \times 10^5 \tag{3.27}$$

e dalla Tabella 3.1.4 si ha:

$$\mathrm{Nu} = \frac{hL}{k} = 0.037\mathrm{Re}^{4/5}\mathrm{Pr}^{1/3} = \\ = 0.037 \times 19069 \times 0.8879 = 626.5 \tag{3.28}$$

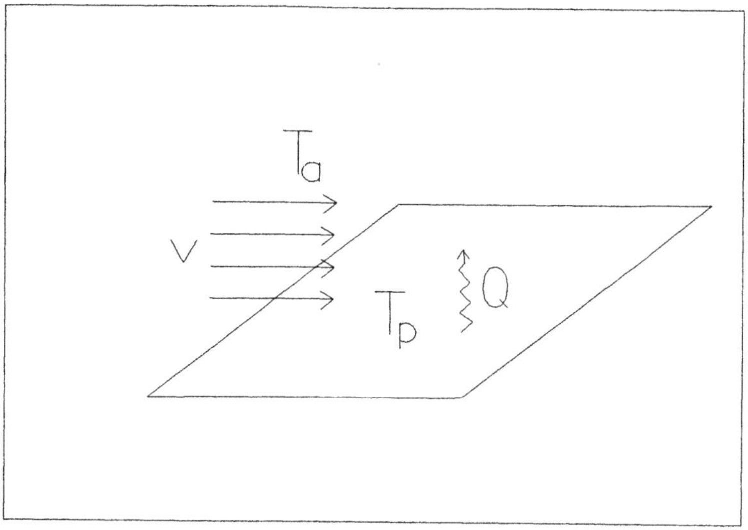

Figura 3.3: Scambio termico per convezione forzata fra una parete ed aria

Quindi si avrá:

$$h = \frac{k \text{ Nu}}{L} = \frac{0.0297 \times 626.5}{0.2} = 93 \text{ W/(m}^2 \text{ K)} \tag{3.29}$$

Da cui:

$$Q = hS(T_s - T_a) = 93 \times 0.04 \times 60 = 223 \text{ W} \tag{3.30}$$

3.5 Convezione forzata esterna ad un tubo

Determinare la potenza scambiata fra una superficie cilindrica, di raggio $R = 10$ cm e lunghezza $L = 2$ m, posta alla temperatura $T_s = 80$ °C, ed aria alla temperatura $T_a = 20$ °C, nei casi in cui l'aria venga soffiata alla velocitá:
a) $v = 2$ m/s
b) $v = 20$ m/s.
Si supponga che il sistema si trovi in regime stazionario e che l'influenza dell'irraggiamento termico sia trascurabile.

Soluzione

Le proprietá dell'aria vanno valutate alla temperatura:

$$T_f = \frac{T_s + T_a}{2} = 50 \text{ °C} \tag{3.31}$$

Le proprietá dell'aria alla temperatura T_f ed alla pressione atmosferica sono le seguenti:

$$\begin{aligned} k &= 0.0297 \text{ W/(m K)} \\ \mathrm{Pr} &= 0.7 \\ \nu &= 17.85 \times 10^{-6} \text{ m}^2/\text{s} \end{aligned} \tag{3.32}$$

a)
Il numero di Reynolds vale:

$$\mathrm{Re} = \frac{v\,D}{\nu} = \frac{2 \times 0.2}{17.85 \times 10^{-6}} = 2.2409 \times 10^4 \tag{3.33}$$

Si avrá perció flusso turbolento, e il numero di Nusselt medio sará:

$$\begin{aligned} \mathrm{Nu} = \frac{hD}{k} &= 0.193\mathrm{Re}^{0.618}\mathrm{Pr}^{1/3} = \\ &= 0.193 \times 488.16 \times 0.8879 = 83.65 \end{aligned} \tag{3.34}$$

Quindi si avrá:

$$h = \frac{k\ \mathrm{Nu}}{D} = \frac{0.0297 \times 83.65}{0.2} = 12.42\ \mathrm{W/(m^2\ K)} \tag{3.35}$$

Da cui:

$$Q = hS(T_s - T_a) = 12.42 \times 0.2 \times \pi \times 2 \times 60 = 936.6\ \mathrm{W} \tag{3.36}$$

b)

Il numero di Reynolds vale:

$$\mathrm{Re} = \frac{v\ D}{\nu} = \frac{20 \times 0.2}{17.85 \times 10^{-6}} = 2.2409 \times 10^5 \tag{3.37}$$

Si avrá perció flusso turbolento, e il numero di Nusselt medio sará:

$$\begin{aligned} \mathrm{Nu} = \frac{hD}{k} &= 0.027\mathrm{Re}^{0.805}\mathrm{Pr}^{1/3} = \\ &= 0.027 \times 20281 \times 0.8879 = 486.2 \end{aligned} \tag{3.38}$$

Quindi si avrá:

$$h = \frac{k\ \mathrm{Nu}}{D} = \frac{0.0297 \times 486.2}{0.2} = 72.2\ \mathrm{W/(m^2\ K)} \tag{3.39}$$

Da cui:

$$Q = hS(T_s - T_a) = 72.2 \times 0.2 \times \pi \times 2 \times 60 = 5.44\ \mathrm{kW} \tag{3.40}$$

3.6 Convezione forzata interna ad un tubo

Determinare la potenza scambiata fra una superficie cilindrica liscia, di raggio $R = 1$ cm e lunghezza $L = 2$ m, posta alla temperatura $T_p = 80$ °C, ed aria alla temperatura $T_a = 20$ °C, nei casi in cui l'aria scorra dentro al tubo alla velocitá:

a) $v = 2$ m/s

b) $v = 20$ m/s.

Si supponga che il sistema si trovi in regime stazionario e che l'influenza dell'irraggiamento termico sia trascurabile.

Soluzione

Le proprietá dell'aria vanno valutate alla temperatura:

$$T_f = \frac{T_p + T_a}{2} = 50 \quad °\text{C} \tag{3.41}$$

Le proprietá dell'aria alla temperatura T_f ed alla pressione atmosferica sono le seguenti (vedere anche la Tabella 3.1.6):

$$k = 0.0297 \text{ W/m K}$$
$$\text{Pr} = 0.7$$
$$\nu = 17.85 \times 10^{-6} \text{ m}^2/\text{s} \tag{3.42}$$

a)

Il numero di Reynolds vale:

$$\text{Re} = \frac{v\,D}{\nu} = \frac{2 \times 0.02}{17.85 \times 10^{-6}} = 2.2409 \times 10^3 \tag{3.43}$$

Si avrá perció flusso turbolento, ed essendo la lunghezza di ingresso:

$$L = 10D = 10 \times 0.02 = 0.2 \text{ m} << L \tag{3.44}$$

allora si puó considerare il flusso turbolento completamente sviluppato; il numero di Nusselt medio sará:

$$\begin{aligned} \mathrm{Nu} &= \frac{hD}{k} = 0.023 \mathrm{Re}^{0.8} \mathrm{Pr}^{0.4} = \\ &= 0.023 \times 479 \times 0.867 = 9.55 \end{aligned} \tag{3.45}$$

Quindi si avrá:

$$h = \frac{k \ \mathrm{Nu}}{D} = \frac{0.0297 \times 9.55}{0.02} = 14.2 \ \mathrm{W/(m^2 \ K)} \tag{3.46}$$

Da cui:

$$Q = hS(T_p - T_a) = 14.2 \times \pi \times 0.02 \times 2 \times (80 - 20) = 107\mathrm{W} \tag{3.47}$$

a)

Il numero di Reynolds vale:

$$\mathrm{Re} = \frac{v \ D}{\nu} = \frac{20 \times 0.02}{17.85 \times 10^{-6}} = 22.41 \times 10^3 \tag{3.48}$$

Si avrá perció flusso turbolento, ed essendo la lunghezza di ingresso:

$$L = 10D = 10 \times 0.02 = 0.2 \text{ m} << L \tag{3.49}$$

allora si puó considerare il flusso turbolento completamente sviluppato; il numero di Nusselt medio sará:

$$\begin{aligned} \mathrm{Nu} &= \frac{hD}{k} = 0.023 \mathrm{Re}^{0.8} \mathrm{Pr}^{0.4} = \\ &= 0.023 \times 3022 \times 0.867 = 60.26 \end{aligned} \tag{3.50}$$

Quindi si avrá:

$$h = \frac{k \text{ Nu}}{D} = \frac{0.0297 \times 60.26}{0.02} = 89.5 \text{ W/(m}^2 \text{ K)} \tag{3.51}$$

Da cui:

$$Q = hS(T_p - T_a) = 89.5 \times \pi \times 0.02 \times 2 \times (80 - 20) = 675\text{W} \tag{3.52}$$

Capitolo 4

Irraggiamento termico

La potenza emessa da una superficie nera alla temperatura T é data dalla legge di Stefan-Boltzmann:

$$Q = \sigma_0 S T^4 \quad (4.1)$$

dove $\sigma_0 = 5.67 \times 10^{-8}$ W/(m^{2}K^4) é la costante di Stefan-Boltzmann ed S é l'area della superficie. Se il corpo é grigio (il coefficiente di assorbimento dipende solo dalla temperatura $a = a(T)$) e vale la legge di Kirchhoff (se a indipendente dall'angolo di incidenza, $\Rightarrow a = e$), allora la potenza emessa dalla superficie con coefficiente di assorbimento a é data da:

$$Q = a\sigma_0 S T^4 \quad (4.2)$$

Nella Tabella 1 sono riportati i valori del coefficiente di assorbimento dei materiali piú comuni:

Materiale	Coefficiente di assorbimento	Emissivitá
Alluminio lucido	0.09	0.03
Alluminio anodizzato	0.14	0.84
Rame lucido	0.18	0.03
Rame ossidato	0.65	0.75
Calcestruzzo	0.60	0.88
Marmo bianco	0.46	0.95
Vernice bianca	0.14	0.93
Vernice nera	0.97	0.97

Tab. 1: Coefficiente di assorbimento solare ed emissivitá termica di alcuni materiali comuni

4.1 Irraggiamento

Un'astronave parcheggiata sulla Luna riceve dal sole allo zenith una potenza pari a $Q = 1300$ W/m^2. Calcolare a che temperatura si porta la superficie dell'astronave (supponendo che sia schematizzabile con un piano di area $A = 40$ m^2, come in Fig. 4.1) nei casi in cui sia:
a) verniciata di nero ($a = 0.97, e = 0.97$)
b) verniciata di bianco ($a = 0.14, e = 0.93$)
d) ricoperta da piastrelle di marmo ($a = 0.46, e = 0.95$)

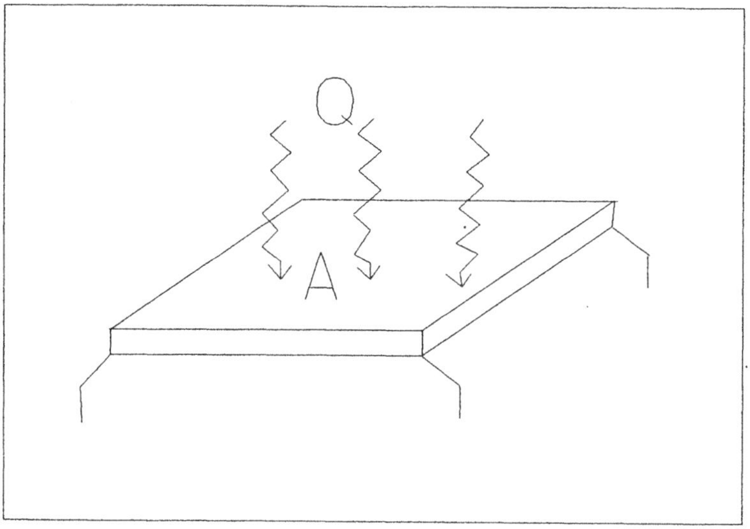

Figura 4.1: Tetto di un'astronave sulla Luna

Soluzione

All'equilibrio la potenza assorbita dalla superficie dell'astronave eguaglia la potenza emessa dalla superficie stessa:

$$Q_a = Q_e \tag{4.3}$$

a)

Dall'equazione (4.3) si ottiene:

$$Q_a = a \times Q \times A = Q_e = a \times \sigma_0 \times A \times T^4 \tag{4.4}$$

da cui la temperatura della superficie vale:

$$T = \sqrt[4]{\frac{Q}{\sigma_0}} = \sqrt[4]{\frac{1300}{5.67 \times 10^{-8}}} = 389.13\ \mathrm{K} = 116\ ^\circ\mathrm{C} \qquad (4.5)$$

b)

Dall'equazione 4.3 si ottiene:

$$Q_a = a \times Q \times A = Q_e = e \times \sigma_0 \times A \times T^4 \qquad (4.6)$$

da cui la temperatura della superficie vale:

$$T = \sqrt[4]{\frac{aQ}{e\sigma_0}} = \sqrt[4]{\frac{0.14 \times 1300}{0.93 \times 5.67 \times 10^{-8}}} = 242.4\ \mathrm{K} = -30.8\ ^\circ\mathrm{C} \qquad (4.7)$$

d)

Dall'equazione 4.3 si ottiene:

$$Q_a = a \times Q \times A = Q_e = e \times \sigma_0 \times A \times T^4 \qquad (4.8)$$

da cui la temperatura della superficie vale:

$$T = \sqrt[4]{\frac{aQ}{e\sigma_0}} = \sqrt[4]{\frac{0.46 \times 1300}{0.95 \times 5.67 \times 10^{-8}}} = 324.6\ \mathrm{K} = 51.5\ ^\circ\mathrm{C} \qquad (4.9)$$

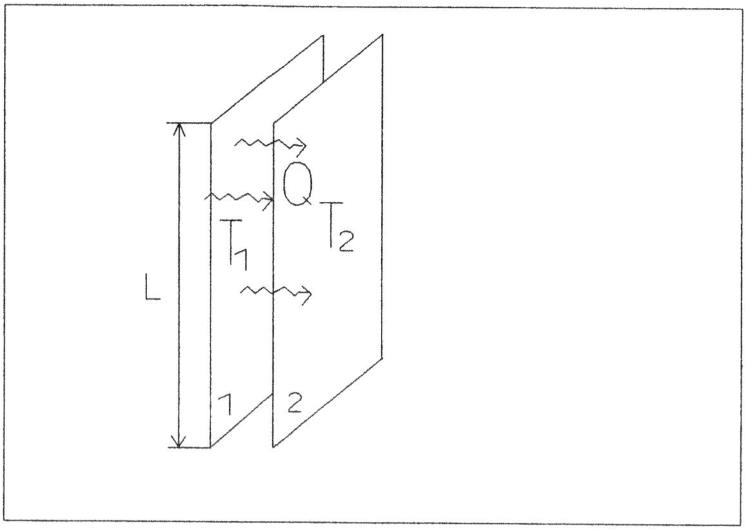

Figura 4.2: Irraggiamento fra superfici piane

4.2 Superfici piane e parallele

Determinare la potenza scambiata per irraggiamento fra due superfici 1 e 2, piane, quadrate di lato $L = 2$ m, parallele e completamente affacciate, distanti $s = 1$ cm l'una dall'altra, e poste rispettivamente alle temperature $T_1 = 20$ °C e $T_2 = 0$ °C se:

a) le due superfici 1 e 2 sono entrambe nere

b) la superficie 1 é nera e la 2 é di ferro ossidato ($a = 0.64$)

c) la superficie 2 é nera e la 1 é di ferro ossidato ($a = 0.64$)

d) le due superfici 1 e 2 sono entrambe di ferro ossidato

Soluzione

a)

La potenza emessa dalla superficie 1 vale:

$$Q_1 = \sigma_0 \times S \times T_1^4 \tag{4.10}$$

La potenza emessa dalla superficie 2 vale:

$$Q_2 = \sigma_0 \times S \times T_2^4 \tag{4.11}$$

Facendo il bilancio sulla superficie 1 (essendo $L >> s$), si ottiene la potenza scambiata Q_s:

$$\begin{aligned} Q_s = Q_e - Q_a = Q_1 - Q_2 = \sigma_0 \times S \times (T_1^4 - T_2^4) = \\ = 5.67 \times 10^{-8} \times 4 \times (293.15^4 - 273.15^4) = 412.4 \text{ W} \end{aligned} \tag{4.12}$$

b)

La potenza emessa dalla superficie 2 vale:

$$Q_2 = a \times \sigma_0 \times S \times T_2^4 \tag{4.13}$$

quindi facendo il bilancio sulla superficie 1, si ottiene la potenza scambiata Q_s:

$$\begin{aligned} Q_s = Q_1 - Q_2 = \sigma_0 \times S \times (T_1^4 - a \times T_2^4) = \\ = 5.67 \times 10^{-8} \times 4 \times (293.15^4 - 0.64 \times 273.15^4) = 866.9 \text{ W} \end{aligned} \tag{4.14}$$

c)

La potenza emessa dalla superficie 1 vale:

$$Q_1 = a \times \sigma_0 \times S \times T_1^4 \tag{4.15}$$

La potenza incidente sulla superficie 1 vale:

$$Q_1' = \sigma_0 \times S \times T_2^4 \tag{4.16}$$

Facendo il bilancio sulla superficie 1 si ottiene la potenza scambiata Q_s:

$$Q_s = Q_1 - a \times Q_1' = a \times \sigma_0 \times S \times (T_1^4 - T_2^4) =$$
$$= 0.64 \times 5.67 \times 10^{-8} \times (293.15^4 - 273.15^4) = 263.9 \text{ W} \tag{4.17}$$

d)

La potenza emessa dalla superficie 1 vale:

$$Q_1 = a \times \sigma_0 \times S \times T_1^4 \tag{4.18}$$

La potenza emessa dalla superficie 2 vale:

$$Q_2 = a \times \sigma_0 \times S \times T_2^4 \tag{4.19}$$

La potenza incidente sulla superficie 1 vale:

$$Q_1' = Q_2 \tag{4.20}$$

La potenza incidente sulla superficie 2 vale:

$$Q_2' = Q_1 \tag{4.21}$$

Facendo il bilancio sulla superficie 1 si ottiene la potenza scambiata:

$$Q_s = Q_1 - a \times Q_1' = a \times \sigma_0 \times S \times (T_1^4 - a \times T_2^4) =$$
$$= 0.64 \times 5.67 \times 10^{-8} \times (293.15^4 - 0.64 \times 273.15^4) = 554.8 \text{ W} \tag{4.22}$$

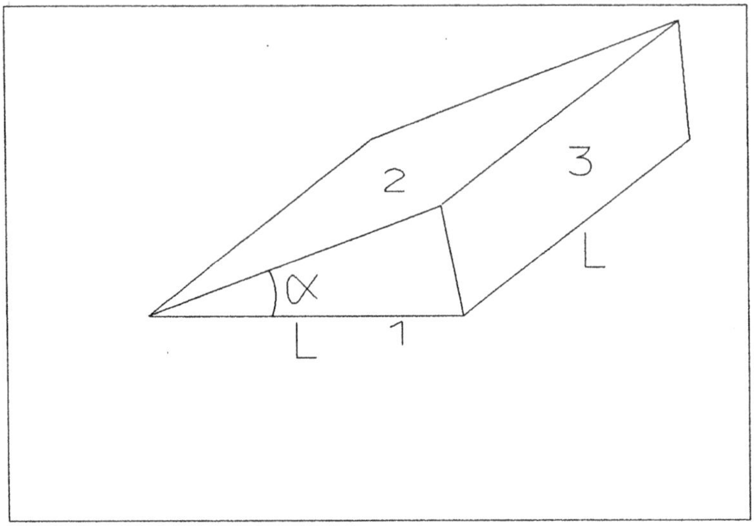

Figura 4.3: Recinto chiuso

4.3 Fattore di forma

Determinare il fattore di forma fra due piastre piane 1 e 2, di eguale larghezza $L_1 = L_2 = L = 2$ m ed aventi un lato in comune di lunghezza L, inclinate di un angolo $\alpha = \pi/6$ (vedere Figura 4.3).

Soluzione

Per determinare il fattore di forma consideriamo prima un recinto chiuso formato dalle facce 1 e 2 e dalla faccia 3 che unisce le due.

Sfruttando la legge di reciprocitá fra i fattori di forma:

$$F_{i,j}S_i = F_{j,i}S_j \qquad i,j = 1\ldots 3 \tag{4.23}$$

(dove $S_i = L_i \times L$, $i = 1 \ldots 3$), e la legge del recinto:

$$F_{i,j} + F_{i,k} = 1 \qquad i,j,k = 1 \ldots 3 \tag{4.24}$$

Si ottiene il seguente sistema:

$$\begin{aligned} F_{1,2}L_1 &= F_{2,1}L_2 \\ F_{1,3}L_1 &= F_{3,1}L_3 \\ F_{2,3}L_2 &= F_{3,2}L_3 \\ F_{1,2} + F_{1,3} &= 1 \\ F_{2,1} + F_{2,3} &= 1 \\ F_{3,1} + F_{3,2} &= 1 \end{aligned} \tag{4.25}$$

la cui soluzione dá:

$$F_{i,j} = \frac{L_i + L_j - L_k}{2L_j} \qquad i,j,k = 1 \ldots 3 \tag{4.26}$$

Nel caso in esame $L_3 = 2L\sin(\alpha/2)$, da cui si ottiene:

$$\begin{aligned} F_{1,2} = F_{2,1} = \frac{L_1 + L_2 - L_3}{2L_1} &= \frac{2L - 2L\sin(\alpha/2)}{2L} = \\ &= 1 - \sin(\pi/12) = 1 - 0.259 = 0.74 \end{aligned} \tag{4.27}$$

4.4 Superfici curve

Si considerino due superfici cilindriche 1 e 2, coassiali, di raggio rispettivamente $r_1 = 10$ cm ed $r_2 = 20$ cm e di lunghezza $L = 1$ m, e poste alle temperature rispettivamente $T_1 = 20°\mathrm{C}$ e $T_2 = 0°\mathrm{C}$. Determinare la

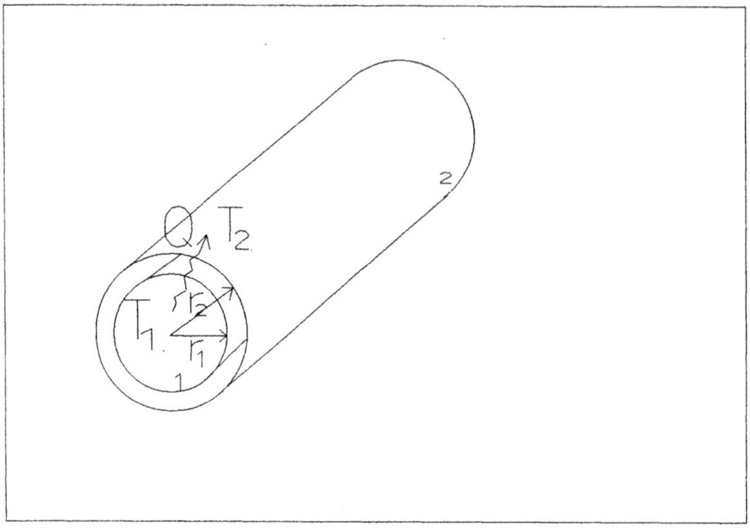

Figura 4.4: Irraggiamento fra superfici cilindriche

potenza scambiata fra le due superfici per irraggiamento, nei casi in cui:
a) le due superfici 1 e 2 siano nere
b) la superficie 1 sia nera e la 2 sia di ferro ossidato ($a = 0.64$)
c) la superficie 1 sia di ferro ossidato e la 2 sia nera
d) le due superfici 1 e 2 siano di ferro ossidato

Soluzione

I fattori di vista per il problema in esame (essendo $L >> r_2$), sono dati da:

$$F_{1,2} = 1 \Rightarrow F_{1,1} = 1 - F_{1,2} = 0 \quad (4.28)$$

e

$$F_{2,1} = \frac{S_1}{S_2} = \frac{2\pi \times r_1 \times L}{2\pi \times r_2 \times L} = \frac{r_1}{r_2} = 0.5 \Rightarrow F_{2,2} = 1 - F_{2,1} = 0.5 \quad (4.29)$$

a)

La potenza emessa dalla superficie 1 vale:

$$Q_1 = \sigma_0 \times S_1 \times T_1^4 = 5.67 \times 10^{-8} \times (2\pi \times 0.1 \times 1) \times 293.15^4 = 263.1 \text{ W} \quad (4.30)$$

La potenza emessa dalla superficie 2 vale:

$$Q_2 = \sigma_0 \times S_2 \times T_2^4 = 5.67 \times 10^{-8} \times (2\pi \times 0.2 \times 1) \times 273.15^4 = 396.6 \text{ W} \quad (4.31)$$

Facendo il bilancio sulla superficie 1 si ottiene la potenza scambiata Q_s:

$$Q_s = Q_1 - F_{2,1} Q_2 = (263.1 - 0.5 \times 396.6) \text{ W} = 64.8 \text{ W} \quad (4.32)$$

b)

La potenza emessa dalla superficie 1 vale:

$$Q_1 = \sigma_0 \times S_1 \times T_1^4 = \\ = 5.67 \times 10^{-8} \times (2\pi \times 0.1 \times 1) \times 293.15^4 = 263.1 \text{ W} \quad (4.33)$$

La potenza emessa dalla superficie 2 vale:

$$Q_2 = a \times \sigma_0 \times S_2 \times T_2^4 = \\ = 0.64 \times 5.67 \times 10^{-8} \times (2\pi \times 0.2 \times 1) \times 273.15^4 = 253.8 \text{ W} \quad (4.34)$$

Facendo il bilancio sulla superficie 1 si ottiene la potenza scambiata Q_s:

$$Q_s = Q_1 - F_{2,1} Q_2 = (263.1 - 0.5 \times 253.8) \text{ W} = 136.2 \text{ W} \quad (4.35)$$

c)

La potenza emessa dalla superficie 1 vale:

$$Q_1 = a \times \sigma_0 \times S_1 \times T_1^4 =$$
$$= 0.64 \times 5.67 \times 10^{-8} \times (2\pi \times 0.1 \times 1) \times 293.15^4 = 168.4 \text{ W} \quad (4.36)$$

La potenza emessa dalla superficie 2 vale:

$$Q_2 = \sigma_0 \times S_2 \times T_2^4 =$$
$$= 5.67 \times 10^{-8} \times (2\pi \times 0.2 \times 1) \times 273.15^4 = 396.6 \text{ W} \quad (4.37)$$

Facendo il bilancio sulla superficie 2 si ottiene la potenza scambiata Q_s:

$$Q_s = Q_2 - F_{1,2}Q_1 = (396.6 - 168.4) \text{ W} = 228.2 \text{ W} \quad (4.38)$$

Notare che in questo caso la potenza Q_s viene ceduta dalla superficie 2 ed assorbita da 1.

d)

La potenza emessa dalla superficie 1 vale:

$$Q_1 = a \times \sigma_0 \times S_1 \times T_1^4 =$$
$$= 0.64 \times 5.67 \times 10^{-8} \times (2\pi \times 0.1 \times 1) \times 293.15^4 = 168.4 \text{ W} \quad (4.39)$$

La potenza emessa dalla superficie 2 vale:

$$Q_2 = a \times \sigma_0 \times S_2 \times T_2^4 =$$
$$= 0.64 \times 5.67 \times 10^{-8} \times (2\pi \times 0.2 \times 1) \times 273.15^4 = 253.8 \text{ W} \quad (4.40)$$

La potenza incidente sulla superficie 1 é data da:

$$Q'_1 = F_{2,1}(Q_2 + (1 - a)Q'_2) \quad (4.41)$$

La potenza incidente sulla superficie 2 é data da:

$$Q'_2 = Q_1 + (1-a)Q'_1 + F_{2,2}(Q_2 + (1-a)Q'_2) \tag{4.42}$$

Risolvendo il sistema costituito dalle equazioni (4.41) e (4.42) si ottengono:

$$\begin{aligned} Q'_2 = \frac{Q_1 + (F_{2,2} + F_{2,1}(1-a))Q_2}{1 - F_{2,2}(1-a) - F_{2,1}(1-a)^2} &= 576.9 \text{ W} \\ Q'_1 = F_{2,1}(Q_2 + (1-a)Q'_2) &= 230.7 \text{ W} \end{aligned} \tag{4.43}$$

Facendo il bilancio sulla superficie 1 si ottiene la potenza scambiata Q_s:

$$Q_s = Q_1 - aQ'_1 = 115.4 \text{ W} \tag{4.44}$$

Capitolo 5

Diverse modalitá di scambio termico

5.1 Convezione e conduzione in geometria piana

Calcolare la potenza termica che attaversa una parete quadrata di lato $L = 2$ m e spessore $s = 2$ cm (vedi Fig. 5.1), se le due superfici che delimitano la parete sono a contatto rispettivamente con aria in quiete ($h_1 = 1$ W/(m^{2}K)) alla temperatura $T_1 = 20$ °C e aria ventilata ($h_2 = 50$W/(m^{2}K)) alla temperatura $T_2 = 0$ °C, nel caso in cui il materiale di cui é composta la parete sia:
a) vetro ($k = 0.78$ W/(m K))
b) ferro ($k = 80.2$ W/(m K))

a)

La resistenza termica globale é data da:

$$R_{tot} = R_{conv-1} + R_{cond} + R_{conv-2} =$$
$$= \frac{1}{h_1 S} + \frac{s}{kS} + \frac{1}{h_2 S} = \frac{1}{4}\left(1 + \frac{0.02}{0.78} + \frac{1}{50}\right) = 0.261 \text{ K/W} \tag{5.1}$$

Quindi la potenza che attraversa la parete é data da:

$$Q = \frac{T_1 - T_2}{R_{tot}} = \frac{20}{0.26} = 76.9 \text{ W} \tag{5.2}$$

b)

La resistenza termica globale é data da:

$$R_{tot} = R_{conv-1} + R_{cond} + R_{conv-2} =$$
$$= \frac{1}{h_1 S} + \frac{s}{kS} + \frac{1}{h_2 S} = \frac{1}{4}\left(1 + \frac{0.02}{80.2} + \frac{1}{50}\right) = 0.255 \text{ K/W} \tag{5.3}$$

Quindi la potenza che attraversa la parete é data da:

$$Q = \frac{T_1 - T_2}{R_{tot}} = \frac{20}{0.26} = 78.43 \text{ W} \tag{5.4}$$

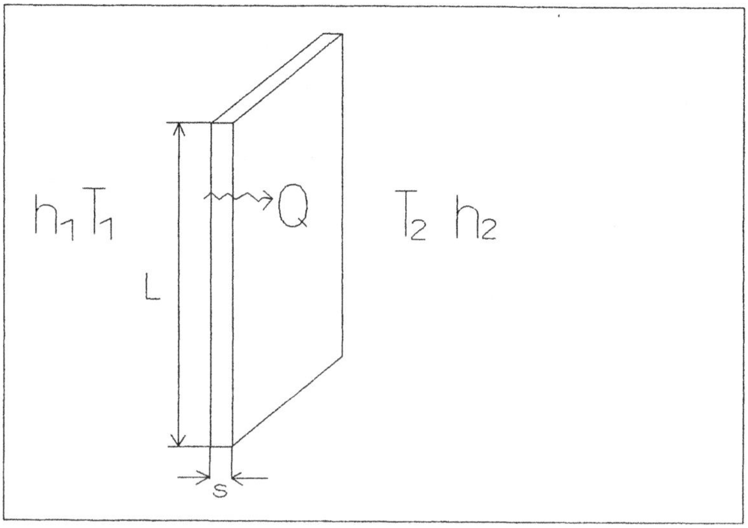

Figura 5.1: Strato piano

5.2 Strato cilindrico

Calcolare la potenza termica che attaversa un tubo di lunghezza $L = 2$ m, diametro interno $D = 20$ cm e spessore $s = 2$cm, se le due superfici che delimitano la parete sono poste rispettivamente a contatto con acqua in moto ($h_1 = 200$ W/(m^{2}K)) alla temperatura $T_1 = 20$ °C e aria in quiete ($h_2 = 1$ W/(m^{2}K)) alla temperatura $T_2 = 0$ °C, nel caso in cui il materiale di cui é composta la parete sia:

a) vetro ($k = 0.78$ W/(m K))

b) ferro ($k = 80.2$ W/(m K))

a)

La resistenza termica globale é data da:

$$R_{tot} = R_{conv-1} + R_{cond} + R_{conv-2} =$$
$$= \frac{1}{2\pi r_i L h_1} + \frac{\ln \frac{r_e}{r_i}}{2\pi L k} + \frac{1}{2\pi r_e L h_2} =$$
$$= \frac{1}{2}\left(\frac{1}{2\pi \times 0.1 \times 100} + \frac{\ln \frac{0.12}{0.1}}{2\pi \times 0.78} + \frac{1}{2\pi \times 0.12 \times 1}\right) = 0.69 \text{ K/W} \quad (5.5)$$

Quindi la potenza che attraversa la parete é data da:

$$Q = \frac{T_1 - T_2}{R_{tot}} = \frac{20}{0.69} = 29 \text{ W} \quad (5.6)$$

b)

La resistenza termica globale é data da:

$$R_{tot} = R_{conv-1} + R_{cond} + R_{conv-2} =$$
$$= \frac{1}{2\pi r_i L h_1} + \frac{\ln \frac{r_e}{r_i}}{2\pi L k} + \frac{1}{2\pi r_e L h_2} =$$
$$= \frac{1}{2}\left(\frac{1}{2\pi \times 0.1 \times 100} + \frac{\ln \frac{0.12}{0.1}}{2\pi \times 80.2} + \frac{1}{2\pi \times 0.12 \times 1}\right) = 0.67 \text{ K/W} \quad (5.7)$$

Quindi la potenza che attraversa la parete é data da:

$$Q = \frac{T_1 - T_2}{R_{tot}} = \frac{20}{0.67} = 29.8 \text{ W} \quad (5.8)$$

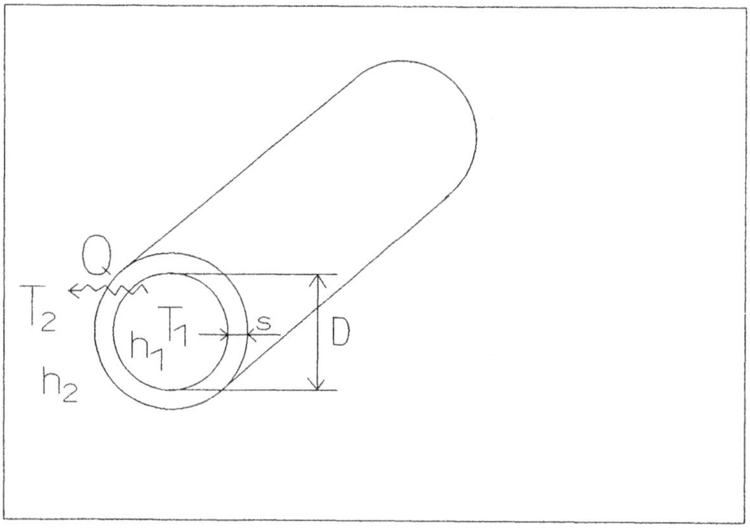

Figura 5.2: Strato cilindrico

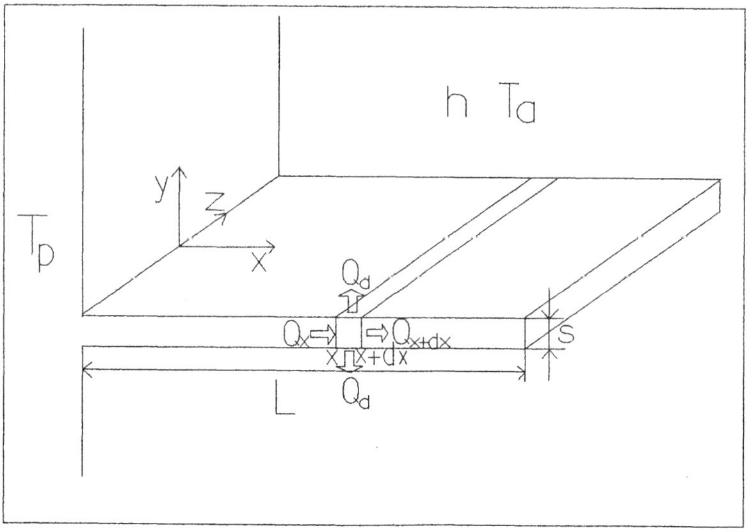

Figura 5.3: Aletta piana sottile

5.3 Aletta piana sottile

Determinare la potenza per unitá di lunghezza dissipata da un'aletta piana sottile, di spessore $s = 1$ mm e profonditá $L = 20$ cm, saldata ad una parete posta a temperatura $T_p = 80$ °C, ed immersa in aria ventilata ($h = 50$ W/(m^{2}K)) alla temperatura $T_a = 20$ ° C, nei casi in cui:
a) l'aletta sia di alluminio ($k = 237$ W/(m K))
b) l'aletta sia di rame ($k = 401$ W/(m K))
Determinare inoltre l'efficienza dell'aletta.

a)
Si suppone che vi sia continuitá materiale fra l'aletta e la parete cui é saldata. Ponendo l'origine dell'asse x sulla parete (vedi Fig. 5.3) ed facendo un bilancio di energia su uno strato di aletta di profonditá unitaria e larghezza dx si ottiene:

$$Q_x - Q_{x+\mathrm{d}x} = 2h\mathrm{d}x(T(x) - T_a) \tag{5.9}$$

Facendo al primo membro uno sviluppo in serie di Taylor troncato al primo ordine si ottiene:

$$-\frac{\mathrm{d}Q}{\mathrm{d}x} = 2h(T(x) - T_a) \tag{5.10}$$

dove, sfruttando la legge di Fourier:

$$Q = -ks\frac{\mathrm{d}T}{\mathrm{d}x} \tag{5.11}$$

Si ottiene quindi la seguente equazione differenziale:

$$\frac{\mathrm{d}^2T}{\mathrm{d}x^2} = \frac{2h}{ks}(T - T_a) \tag{5.12}$$

che puó essere agilmente risolta introducendo la variabile θ:

$$\theta = T - T_a \tag{5.13}$$

da cui l'equazione (5.12) diventa:

$$\frac{\mathrm{d}^2\theta}{\mathrm{d}x^2} - \eta^2\theta = 0, \qquad \eta = \sqrt{\frac{2h}{ks}} \tag{5.14}$$

la cui soluzione é:

$$\theta = Ae^{-\eta x} + Be^{\eta x} \tag{5.15}$$

Si suppone che all'estremitá $x = L$ il flusso termico dissipato dall'aletta sia nullo:

$$\left(\frac{\mathrm{d}\theta}{\mathrm{d}x}\right)_{x=L} = 0 \tag{5.16}$$

sostituendo la soluzione (5.15) in (5.16) si ottiene:

$$-\eta Ae^{-\eta L} + \eta Be^{\eta L} = 0 \tag{5.17}$$

Se c'é continuitá materiale fra parete ed aletta si puó supporre che la temperatura alla base dell'aletta ($x = 0$) sia uguale alla temperatura di parete T_p:

$$A + B = \theta_p \tag{5.18}$$

La soluzione delle (5.16) e (5.18) ci permette di trovare le costanti A e B:

$$\begin{aligned} A &= \frac{\theta_p}{e^{2\eta L} + 1} e^{2\eta L} \\ B &= \frac{\theta_p}{e^{2\eta L} + 1} \end{aligned} \tag{5.19}$$

Quindi la distribuzione di temperatura lungo l'aletta é data da:

$$\theta = \frac{\theta_p e^{-\eta x}}{e^{2\eta L}+1}\left(e^{2\eta L}+e^{2\eta x}\right) \tag{5.20}$$

Integrando l'equazione (5.20) fra $x = 0$ ed $x = L$ si ottiene la potenza scambiata fra l'aletta e l'aria:

$$Q = \frac{2h\theta_p}{\eta}\frac{1}{\coth(\eta L)} \tag{5.21}$$

L'efficienza dell'aletta, definita come il rapporto fra l'equazione (5.21) e la potenza che l'aletta dissiperebbe se avesse temperatura costante e pari a T_p, vale:

$$\nu = \frac{1}{\eta L \coth(\eta L)} \tag{5.22}$$

a) Nel caso in cui l'aletta sia di alluminio si ha:

$$\eta = \sqrt{\frac{2 \times 50}{237 \times 0.001}} = 20.5 \tag{5.23}$$

da cui:

$$Q = \frac{2 \times 50 \times 60}{20.5 \coth(20.5 \times 0.2)} = 292.5 \text{ W} \tag{5.24}$$

e:

$$\nu = \frac{1}{4.1 \coth 4.1} = 0.24 \tag{5.25}$$

b) Nel caso in cui l'aletta sia di rame si ha:

$$\eta = \sqrt{\frac{2 \times 50}{401 \times 0.001}} = 15.8 \tag{5.26}$$

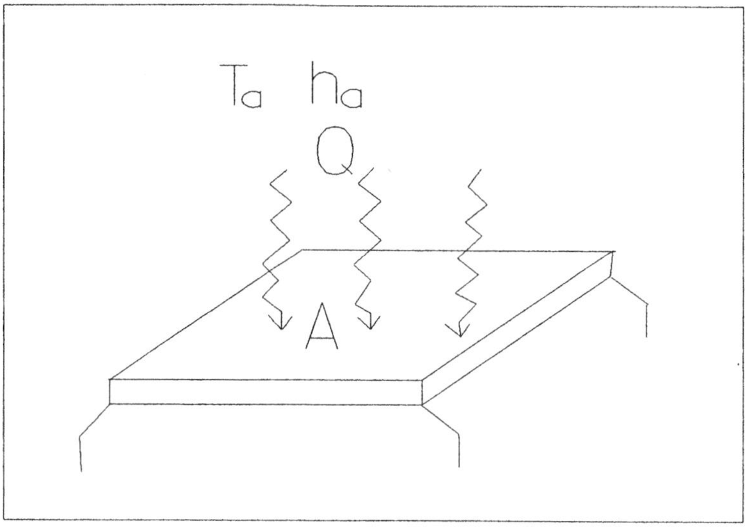

Figura 5.4: Astronave sulla Terra

da cui:

$$Q = \frac{2 \times 50 \times 60}{15.8 \coth(15.8 \times 0.2)} = 378.4 \text{ W} \tag{5.27}$$

e l'efficienza dell'aletta diventa:

$$\nu = \frac{1}{3.16 \coth 3.16} = 0.32 \tag{5.28}$$

superiore a quella trovata per un'aletta di alluminio di uguali dimensioni.

5.4 Convezione ed irraggiamento

Un'astronave parcheggiata sulla Terra riceve dal sole allo zenith una potenza pari a $Q = 1000\ \mathrm{W/m^2}$, al livello del mare, in condizioni ottimali di atmosfera trasparente. Se la temepratura media dell'aria atmosferica é $T_a = 20$ °C e il coefficiente di convezione é $h = 20\ \mathrm{W/(m^2K)}$, calcolare a che temperatura si porta la superficie dell'astronave (supponendo che sia schematizzabile mediante un piano di area $A = 40\ \mathrm{m^2}$, come in Figura 5.4) nei casi in cui sia:

a) verniciata di nero ($a = 0.97$,$e = 0.97$)

b) verniciata di bianco ($a = 0.14$,$e = 0.93$)

c) ricoperta da piastrelle di marmo ($a = 0.46$,$e = 0.95$)

Soluzione

All'equilibrio la potenza assorbita dalla superficie dell'astronave eguaglia la somma della potenza emessa dalla superficie stessa per irraggiamento con quella scambiata per convezione con l'aria:

$$Q_a = Q_e + Q_{conv} = Q_e + h \times A \times (T - T_a) \tag{5.29}$$

a)

Dall'equazione (5.29) si ottiene:

$$a \times Q \times A = e \times \sigma_0 \times A \times T^4 + h \times A \times (T - T_a) \tag{5.30}$$

da cui:

$$e \times \sigma_0 \times T^4 + h \times T - (a \times Q + h \times T_a) = 0 \tag{5.31}$$

La soluzione dell'equazione (5.31) puó essere trovata per tentativi. In Appendice B é riportato il codice scritto nel linguaggio *matlab* per la risoluzione iterativa, che porta il risultato:

$$T = 335 \text{ K} = 42 \text{ °C} \tag{5.32}$$

In assenza di atmosfera la temperatura della superficie sarebbe:

$$T = 364 \text{ K} = 91 \text{ °C} \tag{5.33}$$

b) Ripetendo il procedimento visto al punto (a):

$$e \times \sigma_0 \times T^4 + h \times T - (a \times Q + h \times T_a) = 0 \tag{5.34}$$

La soluzione dell'equazione, per tentativi dá:

$$T = 303 \text{ K} = 10 \text{ °C} \tag{5.35}$$

In assenza di atmosfera la temperatura della superficie sarebbe:

$$T = 226 \text{ K} = -46 \text{ °C} \tag{5.36}$$

c) Ripetendo il procedimento visto al punto (a):

$$e \times \sigma_0 \times T^4 + h \times T - (a \times Q + h \times T_a) = 0 \tag{5.37}$$

La soluzione dell'equazione, per tentativi dá:

$$T = 315 \text{ K} = 22 \text{ °C} \tag{5.38}$$

In assenza di atmosfera la temperatura della superficie sarebbe:

$$T = 304 \text{ K} = 31 \text{ °C} \tag{5.39}$$

Capitolo 6

Scambiatori di Calore

Uno scambiatore di calore é un dispositivo che permette il trasferimento di energia termica tra due o piú fluidi a diversa temperatura [3]. Si considereranno in questo capitolo solo scambiatori di calore di tipo *tubo-in-tubo*, cioé scambiatori formati da due cilindri coassiali, come mostrato in Figura 6.1, o scambiatori di calore semplici in cui il calcolo della potenza scambiata possa essere ricondotto al caso di uno scambiatore *tubo-in-tubo*. Se lo scambiatore é isolato termicamente, la potenza persa dal fluido caldo nel passaggio all'interno dello scambiatore, eguaglia quella acquistata dal fluido freddo. Detta $T_{c,i}$ la temperatura di ingresso del fluido caldo, $T_{c,u}$ la temperatura di uscita del fluido caldo, $T_{f,i}$ la temperatura di ingresso del fluido freddo, e $T_{f,u}$, la temperatura di uscita del fluido freddo, si ha:

$$Q = \dot{m}_c c_{p,c}(T_{c,u} - Tc, i) = \dot{m}_f c_{p,f}(T_{f,u} - Tf, i) \qquad (6.1)$$

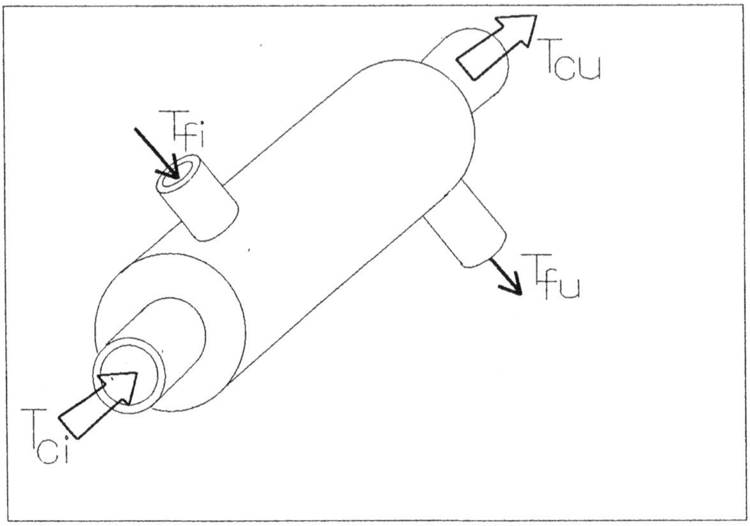

Figura 6.1: Scambiatore di calore *tubo-in-tubo*

dove $\dot{m}_c$ e $\dot{m}_f$ sono rispettivamente le portate in massa del fluido caldo e del fluido freddo, e $c_{p,c}$ e $c_{p,f}$ i calori specifici del fluido caldo e del fluido freddo.

6.1 Metodo della differenza media logaritmica

Si consideri uno scambiatore di tipo *tubo-in-tubo*. La potenza termica scambiata fra il fluido caldo e il fluido freddo é data dalla relazione:

$$Q = KS\Delta T_{ml} \tag{6.2}$$

dove K é il coefficiente globale di scambio termico riferito ad una superficie di scambio S, $K = 1/(RS)$, con R é la resistenza termica globale, definita nel Capitolo 2. Nell'equazione (6.2), ΔT_{ml} é la *differenza di temperatura media logaritmica*, definita dalla relazione:

$$\Delta T_{ml} = \frac{T_{c,u} - T_{f,u} - T_{c,i} + T_{f,i}}{\ln \frac{T_{c,u} - T_{f,u}}{T_{c,i} - T_{f,i}}} \qquad (6.3)$$

per uno scambiatore in equicorrente, e:

$$\Delta T_{ml} = \frac{T_{c,u} - T_{f,i} - T_{c,i} + T_{f,u}}{\ln \frac{T_{c,u} - T_{f,i}}{T_{c,i} - T_{f,u}}} \qquad (6.4)$$

per uno scambiatore in controcorrente.

Se lo scambiatore non é di tipo *tubo-in-tubo*, é possibile esprimere ancora la potenza scambiata fra i due fluidi con una relazione del tipo:

$$Q = K\ S\ \Delta T_{ml} \times F(P_1, P_2) \qquad (6.5)$$

dove F é un fattore di correzione che dipende da due parametri adimensionali, P_1 e P_2, che sono funzioni delle temperature di ingresso ed uscita dei due fluidi. Ad esempio, per scambiatori a passaggi multipli, o a *a fascio tubiero*, il fattore correttivo F dipende dalla temperature del fluido che scorre nei tubi e del fluido che scorre intorno ai tubi, (nel *mantello*). In genere il fattore correttivo F é riportato in opportuni diagrammi (vedere ad esempio quello riportato in Figura 12.7 in [3], riferito ad uno scambiatore 1-2, cioé ad un passaggio nel mantello e due passaggi nei tubi).

6.2 Scambiatore in controcorrente

In uno scambiatore di calore di tipo *tubo-in-tubo* si deve raffreddare una portata di olio $m_o = 0.1$ kg/s (con calore specifico $c_{po} = 1.5$ kJ/(kg K)) dalla temperatura $T_{o,i} = 100$ °C alla temperatura $T_{o,u} = 30$ °C. Per far questo viene utilizzata una portata di acqua $m_a = 1$ kg/s (con calore specifico $c_{pa} = 4.18$ kJ/(kg K)) che entra nello scambiatore alla temperatura $T_{a,i} = 20$ °C. Il diametro esterno del tubo che separa i due fluidi vale $D_e = 3$ cm, e il coefficiente globale di scambio termico riferito a D_e vale $K_e = 500$ W/(m^{2}K). Determinare la lunghezza dello scambiatore nel caso in cui i due fluidi circolino in controcorrente.

Soluzione

$$Q = m_o c_{po} \Delta T_o = 0.1 \times 1.5(100 - 30) = 10.5 \text{ kW} \tag{6.6}$$

Ma:

$$Q = m_a c_{pa} \Delta T_a = m_a c_{pa}(T_{a,u} - T_{a,i}) \Rightarrow$$
$$\Rightarrow T_{a,u} = \frac{Q}{m_a c_{pa}} + T_{a,i} = \frac{10.5}{1 \times 4.18} + 20 = 22.5 \text{ °C} \tag{6.7}$$

Dal calcolo del delta T medio logaritmico si ottiene il dimensionamento dello scambiatore. Infatti:

$$\Delta T_{ml} = \frac{\Delta T_{x=L} - \Delta T_{x=0}}{\log \frac{\Delta T_{x=L}}{\Delta T_{x=0}}} =$$
$$\frac{T_{o,u} - T_{a,i} - T_{o,i} + T_{a,u}}{\log \frac{T_{o,u} - T_{a,i}}{T_{o,i} - T_{a,u}}} = \frac{-45}{\log \frac{10}{55}} = 32.96 \text{ °C} \tag{6.8}$$

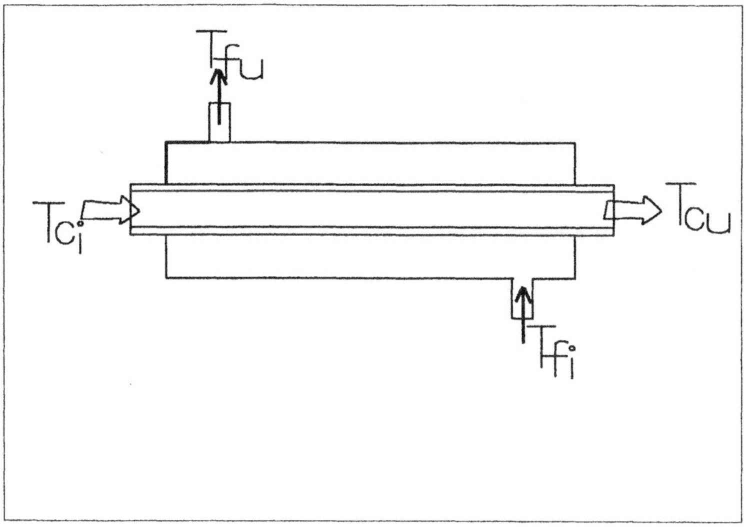

Figura 6.2: Sezione dello scambiatore di calore *tubo-in-tubo*

Essendo poi:

$$Q = K_e S_e \Delta T_{ml} \tag{6.9}$$

si ottiene L:

$$L = \frac{Q}{K_e \pi D_e \Delta T_{ml}} = \frac{10.5 \times 10^3}{500 \times \pi \times 0.03 \times 32.96} = 6.8\ m \tag{6.10}$$

6.3 Scambiatore in equicorrente

Se lo scambiatore descritto nel problema precedente viene collegato in modo tale che la circolazione dei due fluidi avvenga in equicorrente, determinare il valore che assume la temperatura dell'olio all'uscita.

Soluzione

Dal bilancio di energia su uno straterello di scambiatore compreso fra x ed $x+\ \mathrm{d}x$ si ottiene che la potenza scambiata vale:

$$\begin{aligned} \delta Q &= -\dot{m}_o c_{po} \mathrm{d}T_o \\ \delta Q &= +\dot{m}_a c_{pa} \mathrm{d}T_a \end{aligned} \tag{6.11}$$

Dividendo le due equazioni rispettivamente per $\dot{m}_o c_{po}$ e $\dot{m}_a c_{pa}$ e sommandole si ottiene:

$$\mathrm{d}(T_o - T_a) = \mathrm{d}\Delta T = -\left(\frac{1}{m_o\ c_{po}} + \frac{1}{m_a\ c_{pa}}\right)\delta Q \tag{6.12}$$

Sostituendo a Q il termine $K_e S_e \Delta T$, ed integrando la (6.12) fra 0 ed L si ottiene:

$$\log \frac{\Delta T_{x=L}}{\Delta T_{x=0}} = -\left(\frac{1}{m_o\ c_{po}} + \frac{1}{m_a\ c_{pa}}\right) K_e S_e \tag{6.13}$$

Quindi:

$$\begin{aligned} \Delta T_{x=L} &= \Delta T_{x=0} e^{-\left(\frac{1}{m_o\ c_{po}} + \frac{1}{m_a\ c_{pa}}\right) K_e S_e} = \\ &= 80 e^{-500 \times \pi \times 0.03 \times 6.8 \times 6.9 \times 10^{-3}} = 8.75\ ^\circ\mathrm{C} \end{aligned} \tag{6.14}$$

Quindi:

$$\Delta T_{ml} = \frac{\Delta T_{x=L} - \Delta T_{x=0}}{\log \frac{\Delta T_{x=L}}{\Delta T_{x=0}}} = \frac{8.75 - 80}{\ln \frac{8.75}{80}} = 32.2 \text{ °C} \tag{6.15}$$

La potenza termica scambiata fra i due fluidi diventa quindi:

$$Q = K_e S_e \Delta T_{ml} = 10.3 \text{ kW} \tag{6.16}$$

da cui:

$$T_{o,u} = T_{o,i} - \frac{Q}{c_{po} m_o} = 31.3 \text{ °C} \tag{6.17}$$

6.4 Scambiatore a fascio tubiero

Calcolare la superficie di scambio necessaria perché un condensatore di un impianto frigorifero possa sottrarre una quantitá di calore pari a $Q = 100$ kcal/h (frigorie). Si supponga che il fluido frigorigeno sia freon 12 (R_{12}), che entra nel condensatore nello stato di vapore saturo secco, ed esce liquido (temperatura di condensazione $t_s = 43.5$ °C, calore latente di vaporizzazione $r = 129.5$ kJ/kg), e che l'acqua di raffreddamento entri nel condensatore alla temperatura $t_i = 20$ °C ed esca alla temperatura $t_u = 40$ °C. Il condensatore é costituito da 200 tubi di rame ($k = 401$ W/(m K)) di diametro interno $d_i = 1$ cm e diametro esterno $d_e = 1.1$ cm, disposti su 10 file orizzontali. Il coefficiente di convezione interno vale $h_i = 1000$ W/(m^{2}K) e quello esterno $h_e = 500$ W/(m^{2}K). Calcolare inoltre la portata di freon 12 e la lunghezza dei tubi.

Soluzione

$$Q = 100\text{kcal/h} = 418/3600\text{kJ/s} = 116\text{kJ/s} \tag{6.18}$$

da cui la portata in massa di freon 12 é data da:

$$\dot{m}_f = \frac{Q}{r} = \frac{116}{129.5} = 0.896 \text{ kg/s} \tag{6.19}$$

e la portata in massa di acqua é data da:

$$\dot{m}_a = \frac{Q}{c_p \Delta T_a} = \frac{116}{4.186 \times 20} = 1.386 \text{ kg/s} \tag{6.20}$$

Dal calcolo del coefficiente di scambio termico riferito alla superficie esterna dei tubi:

$$K_e = \frac{1}{\frac{1}{h_i} + \frac{d_e}{2}\frac{\ln\frac{d_e}{d_i}}{k} + \frac{d_e}{d_i}\frac{1}{h_e}} =$$

$$= \frac{1}{\frac{1}{1000} + \frac{0.011}{2}\frac{\ln\frac{0.011}{0.01}}{k} + \frac{0.011}{0.01}\frac{1}{500}} = 222 \qquad (6.21)$$

si ottiene che la superficie di scambio richiesta é:

$$A_e = \frac{Q}{K_e \times \Delta T_{ml}} = \frac{116 \times 10^3}{222 \times 10.5} = 49.8 \text{ m}^2 \qquad (6.22)$$

di conseguenza la lunghezza dei tubi sará:

$$L = \frac{A_e}{\pi d_e n_{tubi}} = \frac{49.8}{\pi 0.011 \times 200} = 7.2 \text{ m} \qquad (6.23)$$

6.5 Confronto fra scambiatori

In uno scambiatore a fascio tubiero si deve riscaldare una portata di un fluido dalla temperatura $T_{f,i} = 20$ °C alla temperatura $T_{f,u} = 30$ °C, raffreddando un secondo fluido dalla temperatura $T_{c,i} = 100$ °C alla temperatura $T_{c,u} = 40$ °C. Determinare il valore del rapporto fra le aree di scambio nei casi in cui:

a) si considera uno scambiatore 1-1 (tubo in tubo ad un passaggio) in equicorrente e uno scambiatore 1-1 in controcorrente

b) si considera uno scambiatore 1-2 (tubo in tubo a due passaggi) e uno scambiatore 1-1 in controcorrente

Soluzione

a) Dal calcolo del ΔT_{ml} per il caso in equicorrente (ec) si ottiene:

$$\Delta T_{ml;ec} = \frac{40 - 30 - 100 + 20}{\ln 1080} = 33.66\ °\text{C} \tag{6.24}$$

Dal calcolo del ΔT_{ml} per il caso in controcorrente (cc) si ottiene:

$$\Delta T_{ml;cc} = \frac{40 - 20 - 100 + 30}{\ln 2070} = 39.91\ °\text{C} \tag{6.25}$$

Quindi, essendo:

$$Q_{ec} = KS_{ec}\Delta T_{ml;ec} = Q_{cc} = KS_{cc}\Delta_{ml;cc} \tag{6.26}$$

si ottiene che il rapporto fra le aree di scambio é dato da:

$$\frac{S_{ec}}{S_{cc}} = \frac{\Delta T_{ml;cc}}{\Delta T_{ml;ec}} = \frac{39.91}{33.66} = 1.19 \tag{6.27}$$

b) Per uno scambiatore di tipo 1-2 bisogna determinare il fattore correttivo $F(P, R)$, dove:

$$P = \frac{t_2 - t_1}{T_1 - t_1} = \frac{30 - 20}{100 - 20} = 0.125 \tag{6.28}$$

e:

$$R = \frac{T_1 - T_2}{t_2 - t_1} = \frac{100 - 40}{30 - 20} = 6 \tag{6.29}$$

Dal diagramma riportato in Figura 12.7 in [3] si ottiene $F(0.125, 6) = 0.95$ e quindi:

$$\Delta T_{ml;12} = \Delta T_{ml;cc} \times F(P, R) = 39.91 \times 0.95 = 37.9\ ^{\circ}\mathrm{C} \tag{6.30}$$

Quindi il rapporto fra le aree di scambio é dato da:

$$\frac{S_{12}}{S_{cc}} = \frac{\Delta T_{ml;cc}}{\Delta T_{ml;12}} = \frac{\Delta T_{ml;cc}}{\Delta T_{ml;cc} F(P, R)} = 1/F(P, R) = 1.05 \tag{6.31}$$

Quindi la migliore configurazione (cioé quella che richiede un'area di scambio minore a paritá di potenza termica scambiata) risulta essere quella di uno scambiatore di tipo *tubo-in-tubo* controcorrente.

Capitolo 7

Lista dei simboli

a	coefficiente di assorbimento
A	area [m^2]
c_p	calore specifico a pressione costante [J/(kg K)]
$c_{p,c}$	calore specifico a pressione costante del fluido caldo [J/(kg K)]
$c_{p,f}$	calore specifico a pressione costante del fluido freddo [J/(kg K)]
D	diametro [m]
e	emissivitá
$F_{i,j}$	fattore di forma
g	accelerazione di gravitá = 9.8 m/s^2
Gr	numero di Grashof = $[g\beta(T_s - T_f)L^3]/v^2]$
h	coefficiente di convezione [W/(m^2 K)]
k	conducibilitá termica [W/(m K)]
K	coefficiente globale di scambio termico [K/W]
L	lunghezza [m]

m	massa [kg]
$\dot{m}$	portata in massa [kg/s]
$\dot{m}_c$	portata in massa del fluido caldo [kg/s]
$\dot{m}_f$	portata in massa del fluido freddo [kg/s]
$\boldsymbol{n}$	versore normale ad una superficie
Nu	numero di Nusselt $= (hL)/k$
p	pressione [Pa]
Pr	numero di Prandtl $= (\mu c_p)/k$
p_s	carico piezometrico [Pa]
$\boldsymbol{q}$	vettore densitá di flusso termico [W/m^2]
Q	potenza termica [W]
Q_a	potenza assorbita [W]
Q_e	potenza emessa [W]
Q_s	potenza scambiata [W]
Q'	potenza incidente [W]
q_g	potenza generata per unitá di volume [W/m^3]
r	raggio [m]
R	resistenza termica [W/K]
R_{tot}	resistenza termica globale [W/K]
Ra	numero di Rayleigh =GrPr
Re	numero di Reynolds $= (\rho v L)/\mu$
Re$_{cr}$	numero di Reynolds critico
s	spessore del materiale [m]
S	superficie [m^2]
t	tempo [s]

T	temperatura [K]; [°C]
T_a	Temperatura dell'aria [K]; [°C]
$T_{c,i}$	Temperatura di ingresso del fluido caldo [K]; [°C]
$T_{c,u}$	Temperatura di uscita del fluido caldo [K]; [°C]
T_f	Temperatura del fluido [K]; [°C]
$T_{f,i}$	Temperatura di ingresso del fluido freddo [K]; [°C]
$T_{f,u}$	Temperatura di uscita del fluido freddo [K]; [°C]
T_p	temperatura di parete [K]; [°C]
T_s	temperatura di superficie[K]; [°C]
v	velocitá del fluido [m/s]
x,y,z	coordinate cartesiane [m]

7.1 Simboli greci

β	coefficiente di dilatazione cubica [1/K]
η	efficienza dell'aletta
θ	temperatura [K]; [°C]
μ	viscositá dinamica [kg/(m s)]
ν	viscositá cinematica [m^2/s]
ξ	costante $= \sqrt{2h/(k\ s)}$
ρ	densitá [kg/m^3]
σ_0	costante di Stefan-Boltzmann $= 5.67 \times 10^{-8}$[W/(m^2 K^4)]

Capitolo 8

Appendice A

Listato del programma *moody.m* per ottenere il Diagramma di Moody e per trovare la velocitá di un fluido di densitá rho, all'uscita di un condotto di diamtero D e lunghezza L, con un dislivello alt.

```
clear all;
Re1=linspace(100,2100,1000);
Re=linspace(2100,100000000,10000);
f=64./Re1;
loglog(Re1,f)
xlabel('Re')
ylabel('fattore d''attrito')
hold on
diam=0.1;
D=diam*ones(1,length(Re));
for ii=1:100:5000
```

```
    e=0.00001*ii;
    g=1.325./(log(e./(3.7*D)+5.74./(Re.^0.9))).^2;
    loglog(Re,g)
end
e=0.000001
D=0.1
L=100
gra=9.8
alt=50
rho=1000
mu=0.001003
beta=3.5
v2I=sqrt(2*gra*alt)
Re=rho*v2I*D/mu
g=1.325/(log(e/(3.7*D)+5.74/(Re^0.9)))^2
v2II=sqrt((2*gra*alt)/(beta+g*L/D))
while abs(v2I-v2II)/v2I>0.001
    v2I=v2II
    Re=rho*v2I*D/mu
    g=1.325/(log(e/(3.7*D)+5.74/(Re^0.9)))^2
    v2II=sqrt((2*gra*alt)/(beta+g*L/D))
end
```

Capitolo 9

Appendice B

Listato del programma *misto.m* per ottenere la temperatura di una superficie di coefficiente di assorbimento a e di emissivitá e, e sottoposta alla radiazione Qsole. Caso senza e con convezione con un fluido a temperatura Ta e coefficiente di convezione h.

```
clear all
a=0.93;
e=0.93;
Qsole=1000;
h=20;
Ta=273.15+20;
sigma=0.0000000567;
T=293
T1=(-e*sigma*T^4+a*Qsole+h*Ta)/h
while abs(T-T1)>0.001
```

```
    T=T1
    T1=(-e*sigma*T^4+a*Qsole+h*Ta)/h
end
Tfin=T1-273.15
Tsenza=(Qsole*a/(e*5.67*0.00000001))^(0.25)
Tsenzafin=Tsenza-273.15
```

Bibliografia

[1] Yunus A. Cengel, *Termodinamica e Trasmissione del Calore* McGraw-Hill, (1998).

[2] Alessandro Cocchi, *Elementi di Termofisica per Ingegneri* Progetto Leonardo, (1993).

[3] G. Guglielmini e C. Pisoni, *Elementi di Trasmissione del Calore* Masson, (1998).

[4] Enzo Zanchini, *Termodinamica* Pitagora, (1993).

[5] Richard W. Johnson, *The Handbook of Fluid Dynamics* CRC Press, (1998).

[6] Frank Kreith, *The CRC Handbook of Thermal Engineering* CRC Press, (2000).

Printed in Dunstable, United Kingdom

91326117R00071